FARIDA ALLAL
Khouloud KOURIMI
NIHAL KHATOUI

Atividade antibacteriana do Celecoxib

FARIDA ALLAL
Khouloud KOURIMI
NIHAL KHATOUI

Atividade antibacteriana do Celecoxib

ScienciaScripts

Imprint
Any brand names and product names mentioned in this book are subject to trademark, brand or patent protection and are trademarks or registered trademarks of their respective holders. The use of brand names, product names, common names, trade names, product descriptions etc. even without a particular marking in this work is in no way to be construed to mean that such names may be regarded as unrestricted in respect of trademark and brand protection legislation and could thus be used by anyone.

Cover image: www.ingimage.com

This book is a translation from the original published under ISBN 978-620-6-71017-2.

Publisher:
Sciencia Scripts
is a trademark of
Dodo Books Indian Ocean Ltd. and OmniScriptum S.R.L publishing group

120 High Road, East Finchley, London, N2 9ED, United Kingdom
Str. Armeneasca 28/1, office 1, Chisinau MD-2012, Republic of Moldova, Europe
Managing Directors: Ieva Konstantinova, Victoria Ursu
info@omniscriptum.com

Printed at: see last page
ISBN: 978-620-8-57816-9

ÍNDICE DE CONTEÚDOS

INTRODUÇÃO 2

BIBLIOGRAFIA RESUMIDA 4

PARTE EXPERIMENTAL 14

RESULTADOS E DISCUSSÃO 29

CONCLUSÃO 44

REFERÊNCIAS 47

INTRODUÇÃO

A exposição excessiva a antibióticos está a contribuir para a propagação da resistência bacteriana, o que representa um importante problema de saúde pública. A resistência aos antibióticos tem vindo a aumentar há várias décadas, dificultando o tratamento dos doentes. Esta situação conduz a um aumento da duração do tratamento e da morbilidade associada às infecções.

O desenvolvimento de novas moléculas de antibióticos pode ser longo, fastidioso e dispendioso. Perante novas ameaças, os cientistas recorreram a estratégias terapêuticas inovadoras, como a imunização passiva através da injeção de anticorpos contra factores de virulência bacteriana, péptidos antimicrobianos, bacteriófagos e o reposicionamento molecular, que consiste em utilizar um medicamento já aprovado para uma nova indicação terapêutica para tratar outra doença (**GAJDÁCS, 2020**) (**Moshawih et al ,2024**).

Esta estratégia apresenta várias vantagens, como a redução dos elevados custos associados ao desenvolvimento de novas moléculas, incluindo os custos de investigação e desenvolvimento, bem como os custos dos primeiros ensaios clínicos, a rapidez de desenvolvimento e o conhecimento prévio das propriedades farmacológicas e tóxicas (**Schlesinger et al, 2009**) (**Thangamani, 2015**)

É neste contexto que se insere a presente dissertação, cujo principal objetivo é a utilização de um fármaco não antibacteriano para combater a resistência bacteriana aos antibióticos. O medicamento em questão é o Celecoxib (CXB), um agente anti-inflamatório não esteroide da classe dos inibidores selectivos da COX-2, utilizado para tratar uma variedade de condições inflamatórias e dolorosas, incluindo osteoartrite, artrite reumatoide, espondilite anquilosante e dor aguda. Pode também ser utilizado para aliviar a dor associada à dismenorreia. De acordo com o Sistema de Classificação Biofarmacêutica (BCS), o CXB pertence à classe II e caracteriza-se por uma baixa solubilidade e uma elevada permeabilidade. Por conseguinte, pode beneficiar de técnicas de formulação avançadas para melhorar a sua solubilidade e biodisponibilidade, tais como a formação de co-cristais, a sua inclusão em matrizes poliméricas, a formação de sais e solvatos, a formação de nanopartículas, a formação de micro e nano emulsões e o desenvolvimento de misturas eutécticas (**Hyun et al, 2018**) (**Yang et al, 2022**). Estas abordagens visam ultrapassar as limitações de solubilidade para maximizar a absorção do fármaco e a eficácia terapêutica. Neste estudo, foram escolhidas estratégias de reposicionamento e a formação de misturas eutécticas por combinação binária de CXB com diferentes coformadores para combater bactérias multirresistentes e aumentar a solubilidade, a biodisponibilidade e, por conseguinte, o efeito terapêutico da CXB. A escolha do coformador baseia-se na sua estrutura química, na presença de grupos funcionais, dadores e aceitadores de protões, capazes de estabelecer interações intermoleculares não covalentes, como as ligações de hidrogénio, as forças de Van Der Waals e as interações r-r (M Singh et al,2023). Os diferentes coformadores escolhidos são: ácido salicílico (A.SAL), ácido maleico (A.MAL), nicotinamida (NIC), ácido succínico (A.SUC) e ácido cinâmico (A.CIN).O objetivo deste trabalho é explorar estas estratégias inovadoras para combater a resistência bacteriana aos antibióticos e melhorar a solubilidade. Esta dissertação está dividida em três capítulos: :O primeiro capítulo apresenta uma revisão da literatura, explicando o conceito de reposicionamento de moléculas de fármacos e a abordagem de formação de misturas eutécticas para melhorar as propriedades físico-químicas dos fármacos. O segundo capítulo descreve o equipamento utilizado, os protocolos experimentais para a síntese e caraterização utilizando várias técnicas, nomeadamente a calorimetria diferencial de varrimento (DSC), a difração de raios X em pó (XRD), a microscopia eletrónica de varrimento (SEM) e o infravermelho com transformada de Fourier (FTIR), a avaliação da atividade antibacteriana utilizando três estirpes bacterianas e a determinação da solubilidade. O terceiro capítulo aborda os resultados da síntese, caraterização, avaliação da atividade antibacteriana in vitro e determinação da solubilidade das misturas eutécticas produzidas, sendo os resultados obtidos e eventuais perspectivas futuras resumidos na conclusão geral.

BIBLIOGRAFIA RESUMIDA

I.1. Bactérias

I.1. Bactérias

As bactérias são microrganismos unicelulares capazes de se reproduzir de forma autónoma. O seu tamanho varia entre 1 e 10 µm e pesam entre 10 e 12 gramas. As bactérias não têm um núcleo delimitado por uma membrana para isolar o seu material genético. A informação genética é suportada pelo ácido desoxirribonucleico (ADN), montado sob a forma de um ou mais cromossomas cuja estrutura é uma dupla hélice de ADN circular, enrolado, superenrolado no citoplasma graças à ação das topoisomerases (4 em número nas bactérias) **(M.Bouskraoui et al.,2017)** .

Como procarionte, a estrutura da célula é simples. O volume interior, denominado citoplasma, é delimitado pela membrana plasmática, que controla o fluxo de energia para dentro e para fora da bactéria e serve de suporte a certas enzimas. O citoplasma é particularmente rico em ARN solúvel (ARN mensageiro e ARN de transferência) e, sobretudo, em ARN particulado ou ribossómico. Os ribossomas são o alvo de ação de muitos antibióticos, como os aminoglicosídeos, os fenicóis, as ciclinas e os macrólidos. A membrana citoplasmática ou membrana interna é o limite externo do citoplasma. É constituída por uma dupla camada de unidades de fosfolípidos (35%) e proteínas associadas (65%). Algumas destas proteínas desempenham um papel na síntese dos peptidoglicanos e são conhecidas como proteínas de ligação à penicilina (PBP), porque são também o alvo de ação dos beta-lactâmicos, a família de antibióticos a que pertence a penicilina. Para além do cromossoma, a bactéria pode conter pequenos elementos genéticos (ADN) (0,5 a 5% do cromossoma bacteriano) extra-cromossómicos. Estes elementos, denominados plasmídeos, não são essenciais para a vida da bactéria em condições normais de crescimento. Replicam-se de forma independente e geralmente mais rapidamente do que o cromossoma bacteriano **(M.Bouskraoui et al.,2017)**.

.

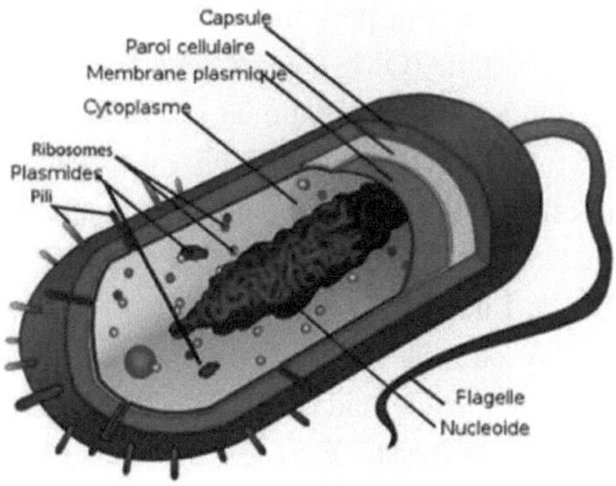

Figura I.1. Diagrama de uma bactéria (Wikipédia)

Para além da membrana citoplasmática ou plasmática, as bactérias têm uma parede constituída por peptidoglicano. Esta assegura a coesão mecânica da célula. Permanece permeável ao corante de Gram e as bactérias correspondentes são conhecidas como Gram-positivas. Outras bactérias têm uma parede de peptidoglicano mais simples e, sobretudo, uma membrana exterior impermeável: são as bactérias Gram-negativas.

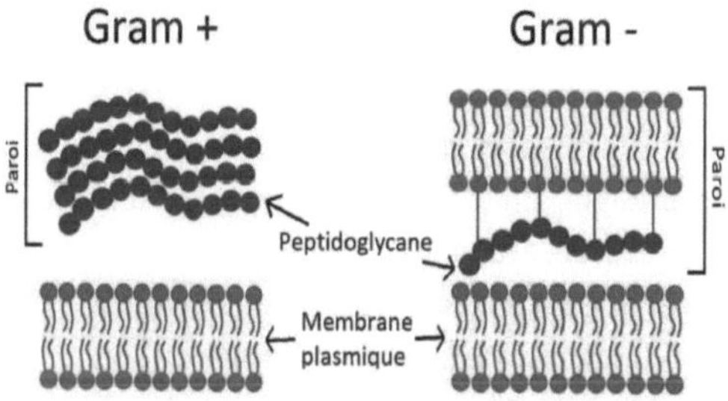

Figura I.2. Parede bacteriana de bactérias gram-positivas e gram-negativas (Wikipedia)

I.2. Resistência bacteriana

As infecções bacterianas continuam a ser uma das principais causas de morbilidade e mortalidade, e a quimioterapia bacteriana está a tornar-se cada vez mais limitada, apesar do grande número de antibióticos que foram descobertos. Os antibióticos têm desempenhado um papel importante na redução da mortalidade por doenças infecciosas, mas a sua utilização maciça e repetida levou ao aparecimento de estirpes multi-resistentes. De acordo com a Organização Mundial de Saúde (OMS), a resistência aos antibióticos é uma das principais ameaças à saúde humana atualmente, . A resistência bacteriana tem vindo a aumentar de forma constante desde há várias décadas, complicando o tratamento dos doentes, prolongando a sua duração, aumentando a morbilidade associada às infecções e comprometendo potencialmente o prognóstico vital **(K. Amanda et al., 2024; H. Lode et al., 2009).**

A preocupação crescente com as estirpes bacterianas multi-resistentes exige o desenvolvimento de meios bactericidas adicionais. Um dos desafios que se colocam atualmente à investigação é a aplicação de estratégias inovadoras, como os anticorpos, os péptidos antimicrobianos, os bacteriófagos e o reposicionamento molecular. No entanto, a utilização de agentes não antibacterianos, tais como anti-histamínicos, antidepressivos, anti-hipertensivos, antipsicóticos e anti-inflamatórios não esteróides, está a tornar possível soluções inovadoras para lutar contra estas estirpes estas estirpes bacterianas multi-resistentes. Assim, neste estudo, optou-se por uma estratégia de reposicionamento terapêutico, que envolve a utilização de um anti-inflamatório não esteroide, o celecoxib, para combater diferentes estirpes bacterianas.

I.3. Reposicionamento de ingredientes activos

O reposicionamento ou a reorientação de medicamentos é uma abordagem promissora. Esta estratégia alternativa envolve a exploração de medicamentos existentes e a sua aplicação a doenças diferentes daquelas para as quais foram inicialmente desenvolvidos. Oferece uma grande oportunidade para identificar rapidamente um novo candidato a medicamento a um custo inferior ao da descoberta e desenvolvimento de novos medicamentos. O reposicionamento de medicamentos é um processo altamente eficiente, sem necessidade de um grande investimento. risco em comparação com o desenvolvimento de novos medicamentos, uma vez que estão disponíveis conhecimentos e dados sobre os medicamentos, como a farmacocinética, a formulação, a farmacologia, a toxicidade e os dados de fabrico. O reposicionamento de medicamentos também reduz o número de etapas necessárias para a aprovação da Food and Drug Administration (FDA), o que pode potencialmente acelerar o tempo de comercialização de um medicamento **(Kushwaha et al., 2023; F.Ali et al., 2024)**. Há pouca literatura sobre a utilização de medicamentos existentes para tratar outras doenças. **(S.Thangamani et al., 2015)** demonstraram que o celecoxib apresenta uma atividade antimicrobiana de largo espetro contra agentes patogénicos Gram-positivos de vários géneros, incluindo Staphylococcus, Streptococcus, Listeria, Bacillus e Mycobacterium.

Os resultados da investigação sobre doenças hepáticas realizada por (**F. Ali et al., 2024)** sublinham a importância do reposicionamento dos medicamentos como instrumento para fazer face ao peso global das doenças hepáticas, incluindo a hepatite, a cirrose hepática, a doença de Wilson, o cancro do fígado e o fígado gordo.

I.4. Anti-inflamatórios não esteróides (AINEs)

Os anti-inflamatórios não esteróides (AINE) são uma classe terapêutica amplamente utilizada, graças às suas propriedades antipiréticas, analgésicas e anti-inflamatórias. São utilizados numa vasta gama de indicações, incluindo dores osteomusculares, condições reumatológicas , em traumatologia e em em cólicas nefrite **(F. Pillon.,2014)**. São medicamentos sintomáticos capazes de se opor ao processo inflamatório, qualquer que seja a causa: mecânica, química, infecciosa ou imunológica. Pertencem a várias famílias químicas e caracterizam-se pela ausência de uma estrutura química esteroidal **(F. Pillon.,2014)**. Constituem um grupo de moléculas quimicamente diversificado: como os derivados do ácido salicílico (Aspirina), os derivados do ácido propiónico (Ibuprofeno e Naproxeno), e outros (Diclofenac, Indometacina, Nabumetona), os selectivos da COX-2 (Etoricoxib, Celecoxib, Lumiracoxib), mas todos eles são capazes de inibir a ciclo-oxigenase COX e a consequente atenuação da síntese de prostaglandinas **(H. Blain, 2000).Blain, 2000)**. São eficazes e prescritos para o tratamento de uma série de afecções inflamatórias e dolorosas **(D.Muster..., 2005)**.

I.5. Modo de ação dos AINEs

Embora a sua composição química seja diferente, os anti-inflamatórios não esteróides (AINE) têm um modo de ação comum. Inibem a ciclo-oxigenase penetrando nos canais que constituem estas enzimas, bloqueando-os através da ligação por pontes de hidrogénio a uma arginina na metade inferior do canal. Isto inibe reversivelmente estas enzimas, bloqueando o acesso ao ácido araquidónico, reduzindo assim a síntese tecidular de prostaglandinas (PGs) (Figura I.1). Os efeitos farmacológicos de todos os AINEs indicados no esquema abaixo resultam da inibição da síntese das prostaglandinas, o que leva a uma oposição às acções destas substâncias **(N.Levion., 2002 ; H.Blain., 2000) .**

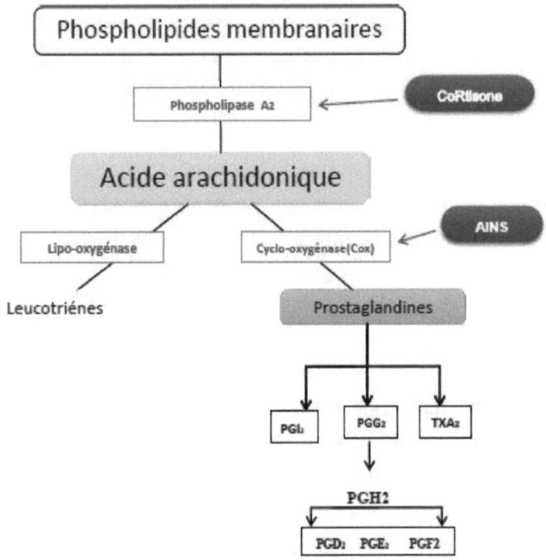

Esquema I.1. Metabolismo do ácido araquidónico e modo de ação dos AINE

I.5. Efeitos farmacológicos dos AINEs

Os AINEs são vulgarmente utilizados devido às suas propriedades farmacológicas benéficas. No entanto, a sua utilização está também associada a uma série de efeitos adversos. O quadro 1 descreve as consequências farmacológicas dos AINE

Quadro I.1. Efeitos das prostaglandinas e dos AINEs

Objectivos	Efeito das prostaglandinas	Efeito dos AINEs
SNC	Aumenta o limiar a partir do qual são activadas as regras de hipotermia	Antipirético
Dor	+	Analgésico
Plaquetas (apenas COX-1)	Via tromboxano progressivo	Anti-agregador
Estômago	Inibição da secreção ácida + aumento da secreção de muco	Ulcerite
Rim	Regulação do fluxo sanguíneo renal na hipovolémia; vasodilatação na insuficiência renal	Diminuição do fluxo sanguíneo renal; insuficiência renal
Tubos brônquicos	Expansão	Broncoconstrição
Inflamação	Dor, vermelhidão, calor	Anti-inflamatório
Útero	Contração	Atrasos / contracções dolorosas durante a menstruação ou o parto

I.6. Anti-inflamatório não esteroide, inibidor seletivo da COX-2: Celecoxib

O celecoxib ou (4-[5-(4-méthylphényl) -3-(trifluoromethyl) -pyrazol-1-yl]) - benzenesulfonamide), é um agente anti-inflamatório não esteroide utilizado para tratar a artrite reumatoide, a osteoartrite, a dor aguda e crónica e a inflamação **(M. Srinivasu, 2002)**. Além disso, o CXB é reconhecido pelo seu potencial anticancerígeno, nomeadamente no que respeita aos tumores do cólon, ao cancro da mama e ao cancro da pele. Os seus efeitos anti-inflamatórios, analgésicos, antipiréticos e anticancerígenos resultam da sua inibição seletiva da ciclooxigenase-2 (COX-2), uma enzima essencial envolvida na biossíntese das prostaglandinas **(S.Dadiboyena et al.,2012; L.Tive.,2000; I.Tołoczko et al.,2019)**. O celecoxib também tem sido utilizado pelas suas propriedades antimicrobianas na luta contra bactérias resistentes. Por exemplo, **(Salunke et al., 2006)** mostrou a eficácia do celecoxib e seus derivados na luta contra a tuberculose causada por Mycobacterium tuberculosis. **(H.Chiu et al.,2012)** avaliaram a eficácia antimicrobiana do celecoxib na erradicação in vitro de Staphylococcus aureus, uma bactéria resistente à meticilina. Os resultados mostraram o potencial bactericida do celecoxib contra Staphylococcus aureus. Esta ação antibacteriana significativa levou os investigadores a utilizar outros agentes baseados na modificação estrutural do CXB. Chiu e colegas **(H.Chiu et al., 2009)** testaram o celecoxib na estirpe bacteriana "Francecisella tularensis", uma bactéria gram-negativa resistente responsável pela tularemia, uma infeção com uma taxa de mortalidade de 60%. Os resultados obtidos demonstraram a eficácia do celecoxib sobre esta bactéria através da proliferação intracelular. **(SA. Alshawwa et al., 2022)** testaram nanopartículas carregadas com CXB como abordagem terapêutica in vivo para combater a infeção causada por Staphylococcus aureus. Esta tecnologia inovadora representa um avanço significativo no tratamento de infecções bacterianas resistentes a antibióticos. Baseia-se no encapsulamento do CXB e na formação de nanopartículas capazes de penetrar nos tecidos infectados para uma administração controlada e direcionada. Devido à sua estrutura única e à sua grande área de superfície específica, estas nanopartículas podem melhorar a estabilidade e a biodisponibilidade da CXB, minimizando simultaneamente os potenciais efeitos secundários. Em trabalhos anteriores, as bases de schiff contendo o núcleo de pirazol foram testadas quanto à sua atividade antibacteriana in vitro pelo método de difusão em ágar contra duas bactérias Gram-positivas (Bacillus subtilis (ATCC n.º 23857) e Staphylococcus aureus (ATCC-29213)) e duas bactérias Gram-negativas (Escherichia coli (ATCC-25922) e P. aeruginosa (ATCC n.º 25619)). A ciprofloxacina foi utilizada como controlo positivo. Os resultados obtidos mostraram uma boa atividade antibacteriana, com CIMs de 0,78 µg/ml e 1,562 µg/ml, respetivamente, contra a estirpe bacteriana Gram-positiva S. aureus. Outro estudo realizado por **(S.Thangamani et al., 2015)** demonstrou a eficácia do celecoxib em estirpes bacterianas gram-positivas e gram-negativas. Estas incluíam Staphylococcus, Streptococcus, Listeria, Bacillus, Mycobacterium, Acinetobacter e Pseudomonas, através da inibição da sua síntese de ARN, ADN e proteínas. A atividade antibacteriana in vitro de uma série de AINE não esteróides, nomeadamente Meloxicam-Celecoxib, Valdicoxib e Nimesulide, foi avaliada contra 20 estirpes bacterianas retiradas da pele e da urina humanas. O efeito antibacteriano, determinado através da medição dos diâmetros da zona de inibição e da concentração inibitória mínima, mostrou que todas as bactérias testadas eram sensíveis a todos os Coxibs utilizados, com exceção de Pseudomonas aeruginosa, Klebsiella pneumoniae e Staphylococcus aureus, que eram resistentes ao Meloxicam, à Nimesulida e ao Valdicoxib, respetivamente **(H. Alkuraishy, 2013).**

I.7. Mecanismo de ação do celecoxib

O celecoxib actua inibindo seletivamente a enzima ciclo-oxigenase-2 (COX-2), responsável pela produção de prostaglandinas inflamatórias (Esquema I.2).
As prostaglandinas são compostos químicos que o corpo produz naturalmente em resposta a uma inflamação ou lesão. São essenciais para controlar a dor, a inflamação e a febre. Ao inibir especificamente a atividade da COX-2, o celecoxib reduz a produção de prostaglandinas inflamatórias sem ter qualquer efeito significativo na COX-1, outra forma de enzima ciclo-oxigenase responsável pela produção de prostaglandinas envolvidas na proteção da mucosa gástrica e na regulação da função plaquetária **(RN.Saha et al.,2002)**.
Desta forma, ao reduzir a secreção de prostaglandinas inflamatórias, a CXB ajuda a aliviar a inflamação, a aliviar a dor e a reduzir a febre em doentes que sofrem de inflamação, como a osteoartrite, a artrite reumatoide e a espondilite anquilosante. A inibição específica da COX-2 pelo CXB é uma abordagem viável para reduzir a inflamação. toxicidade gastrointestinal anteriormente associada aos AINEs tradicionais, ao mesmo tempo que proporciona a eficácia associada a doses elevadas destes medicamentos. **(M.Cervello et al.,2011)**.

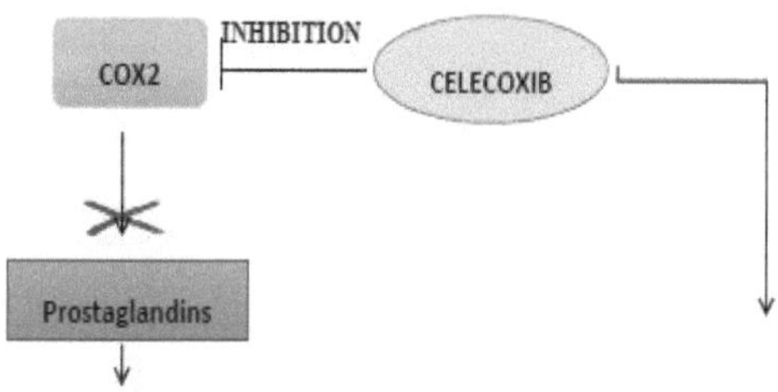

*Aumento da inflamação Diminuição da produção de prostaglandinas

*Aumento da apoptose *Diminuição da dor e da inflamação

*Aumento da permeabilidade vascular Redução da angiogénese patológica da retina

*Migração de leucócitos *Reduz a fuga vascular

*Inflamação intraocular

Esquema I.2. Mecanismo de ação do celecoxib.

O celecoxib (CXB) pertence à categoria II do sistema de classificação biofarmacêutica (BCS), devido à sua baixa solubilidade em água, combinada com uma elevada permeabilidade. Esta solubilidade limitada coloca desafios à dissolução do fármaco, afecta a biodisponibilidade oral e pode conduzir a deficiências terapêuticas nos candidatos a fármacos. Para fazer face a estes desafios, foram exploradas várias metodologias para melhorar a solubilidade, a taxa de dissolução e a biodisponibilidade oral de fármacos pouco solúveis em água, incluindo dispersões sólidas amorfas, sistemas co-amorfos, micro e nanopartículas, formação de sais, nanocristais, cocristais, inclusões e misturas eutécticas, que são o foco deste estudo.

I.8. Mistura eutéctica

Na indústria farmacêutica, uma mistura eutéctica pode ser preparada combinando um fármaco e um veículo inerte (geralmente um composto altamente hidrofílico) ou combinando dois fármacos com solubilidades diferentes. Esta combinação baseia-se estabelecimento de interações intermoleculares conhecidas como interações adesivas fracas, tal se mostra esquematicamente na **Figura I.3 (G.C. Bazzo et al., 2020)**.

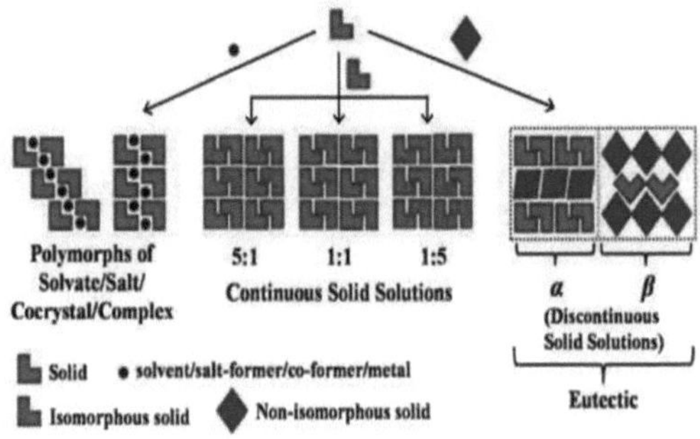

Figura I.3: Representação esquemática da estrutura de uma mistura eutéctica (G.C. Bazzo et al., 2020).

O potencial de uma tal mistura reside no aumento da solubilidade, da taxa de dissolução ou da biodisponibilidade dos medicamentos administrados por via oral. **(R.A. Alshaikh et al., 2019; G. C. Bazzo et al., 2019; R.A. Riekes et al., 2016)**.

As misturas eutécticas têm continuado a atrair um interesse significativo como sistema de administração de fármacos para melhorar a biodisponibilidade oral de fármacos pouco solúveis em água, pelas seguintes razões

- Os métodos de preparação são mais baratos e mais fáceis de produzir;
- Os eutécticos não são considerados novas entidades químicas ou novas formas cristalinas, pelo que não requerem ensaios clínicos.
- Nos sistemas eutécticos, ambos os componentes existem na forma cristalina, que são muito estáveis em comparação com os materiais amorfos **(Araya-Sibaja et al., 2019).**

Vários estudos centraram-se na combinação de um ingrediente ativo de classe II ou IV com um transportador inerte ou outro fármaco, a fim de aumentar a sua biodisponibilidade oral. **(S.M. Hyun et al., 2019)** sintetizaram e caracterizaram duas misturas eutéticas, obtidas pela combinação binária celecoxib/ácido adípico e celecoxib/sacarina. Os resultados ofereceram uma nova estratégia de formulação para melhorar a solubilidade e a biodisponibilidade oral do celecoxib.

S. Emami et al, 2018: J. Haneef et al., 2017; S.M. S. Hyun et al., 2019) desenvolveram misturas eutéticas utilizando vários ácidos orgânicos, tais como ácido adípico, ácido succínico, ácido ascórbico, ácido fumárico, ácido gálico, ácido malónico, nicotinamida e alguns aminoácidos **(K. Chahda et al., 2017; R. Chahda et al., 2017; Park et al., 2020; Haneef et al., 2018).**

I.9. Solubilidade

A solubilidade de um produto consiste na sua dissolução num determinado solvente. A solubilidade de um soluto por um determinado solvente só ocorre se as ligações solvente-solvente (na solução) e soluto-soluto (no cristal) puderem ser substituídas por ligações solvente-soluto. Dependendo do tipo de solvente, existem 4 tipos de interação com o soluto: ião-dipolo, dipolo-dipolo, ligação de hidrogénio e formação de complexos.

I.10. Co-formadores

Os coformadores são compostos que, ao interagirem com o ingrediente ativo, podem melhorar as suas caraterísticas físico-químicas, em particular a sua solubilidade. A escolha do coformador é crucial para a formação de uma mistura eutéctica eficaz. Os potenciais coformadores devem :

□ Ser compatível com celecoxib;

□ Solubilidade e biodisponibilidade adequadas;

□ Não interferir com a atividade farmacológica do celecoxib.

PARTE EXPERIMENTAL

Este estudo consiste na avaliação da atividade antibacteriana e da solubilidade de misturas eutécticas obtidas pela combinação de um anti-inflamatório não esteroide, o celecoxib (CXB), e de cinco moléculas orgânicas que actuam como coformadores, pertencentes a diferentes famílias químicas e possuindo grupos funcionais capazes de estabelecer diferentes tipos de interações intermoleculares, nomeadamente: interações dipolo-dipolo, forças de Van-Der-Waals, interações específicas de ligação de hidrogénio e interações n- e o-. n. As misturas binárias preparadas numa relação estequiométrica de 1:1 são :

- Celecoxib-ácido maleico
- Celecoxib-ácido cinâmico
- Celecoxib-Ácido salicílico
- Celecoxib-nicotinamida
- Celecoxib-ácido succínico

A síntese e a caraterização das misturas acima referidas foram efectuadas, respetivamente, no Laboratório de Química Física dos Materiais (LPCM) da Universidade Amar Telidji e na Plataforma Técnica de Análise Físico-Química (PTAPC. CRAPC Laghouat). A atividade antibacteriana foi avaliada no Laboratório Veterinário Regional. Um resumo das diferentes etapas experimentais efectuadas é apresentado no diagrama abaixo:

Preparação de misturas eutécticas

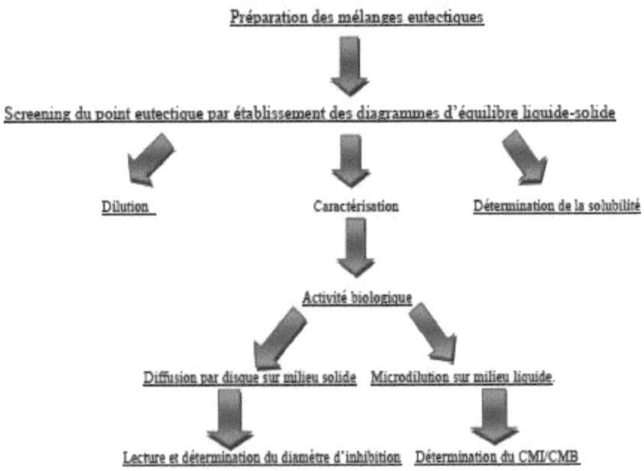

Diagrama II.1: Diagrama sumário do procedimento experimental adotado

II.1. Materiais e métodos

II. 1.1. Produtos químicos utilizados

Os produtos químicos utilizados, resumidos no **quadro II.1**, não foram objeto de purificação.

Quadro II.1: Produtos químicos utilizados.

	Fórmula bruta	Peso molecular (g/mol)	Pureza (%)	Fonte
Celecoxib	C17H14F3N3 O2S	381.37	-	Laboratório Nacional de Controlo (LNC)
Nicotinamida	C6H6N2O	122,12	≥ 99	Sigma-Aldrich
Ácido salicílico	C7H6O3	138.12	≥ 99.5	Sigma-Aldrich
Ácido cinâmico	C9H8O2	148.15	≥ 99	Sigma-Aldrich
Ácido succínico	C4H6O4	118.09	≥ 99.5	Sigma-Aldrich
Ácido maleico	C4H4O4	116.07	≥ 99.5	Sigma-Aldrich

As propriedades físico-químicas dos produtos utilizados neste trabalho são apresentadas na **(Tabela II.2)**

Quadro II.2: Propriedades físico-químicas dos produtos químicos utilizados.

Estrutura	Fórmula bruta	Número de dadores de ligações de hidrogénio	Número de aceitadores ligação de hidrogénio	pKa	Solubilidade	Condição física	Ponto de fusão
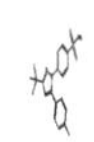 celecoxib					a		
					celecoxib		
					é pequeno		
					solúvel		
					na água.		
					Sa		

	C17H14F3N3O2	2	5 à 6	11,0	solubilidade	pó	°
	S				na água	branco	C
					é		
					de aproximadamente		
					3à22		
					µg/ml.		
					No entanto		
					é mais		
					solventes inorgânicos solúveis, como o clorofórmio e metanol		
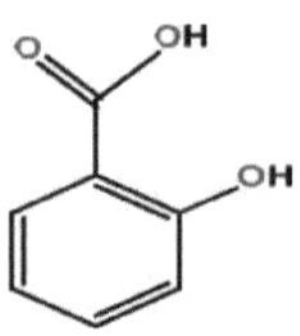 Acide salicylique					Solúvel		
					na água		
					à		
					temperatura	Pó	
	C7H6O3	2	2	3,0	e ambiente .	Blanche	° C
					Sa		
					solubilidade		
					na água		
					é		
					de aproximadamente		
					2 g/L a		
					25°C.		
					No entanto		
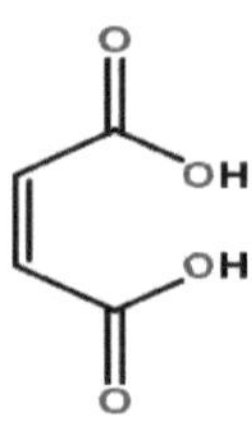 Acidemaléique					O ácido		
					maleico		
					é solúvel	cristais	
	C4H4O4	2	2	6,20	na água à a	incolores para	135° C
					concentrar	branco	
					ião		
					de aproximadamente		

					damente		
					553 g/L		
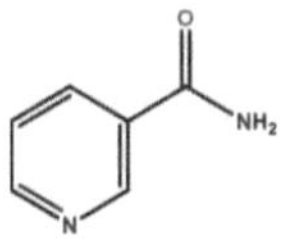					Muito		
					solúvel		
					na água		
	C6H6N2O	1	2	3.35	; 1 g solúvel	Pó Blanche	°
nicotinamide					em 1		C
					ml de água		
					Solúvel		
					em		
					butanol,		
					clorofórmio		
					eu		
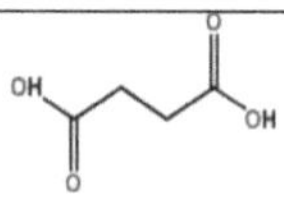					O ácido		
					succínico		
					é solúvel		
					na água	cristais	
Acide succinique	C4H6O4	2	2	4,21	por uma boa razão de aproximadamente	incolor s para	185° C
					100 g/L.	branco	
					No entanto		
					seu		
					a solubilidade noutros solventes orgânicos pode variar.		
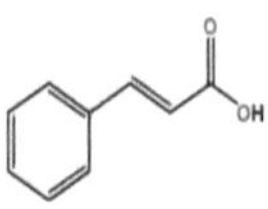					Leste		
					solúvel		
					na água		
					à		
Acidecinnamique	C9H8O2	2	2	4,44	temperatura e	cristais branco	134° C
					ambiente.		
					Sa		
					solubilidade		

					na água		
					é		
					de aproximadamente		
					2,1 g/L a		
					25°C.		
					No entanto		
					é mais		
					solúvel		
					em		
					solventes		
					orgânico		
					s.		

II.1.2. Microorganismos testados

Os microrganismos selecionados para este estudo são estirpes de referência. Estas estão resumidas no Quadro II.3.

Quadro II.3: Informações gerais sobre as estirpes bacterianas utilizadas

Estirpes bacterianas testadas	Carácter bacteriológico	Habitats	Patogenicidade	Número de identificação da estirpe standard
Staphylococcus aureus	Gram+ anaeróbio facultativo	O homem é o (M.Bouskraoui et al, 2017).	Infecções supurativas superficiais ou profundo: pele, tecidos moles, músculo, osso. Toxinfecção: devido à síntese de diferentes toxinas por determinadas estirpes. (M.Bouskraoui et al, 2017).	ATCC 25923
Escherichia coli	Gram - anaeróbio facultativo	Hospedeiro normal do trato digestivo. M.Bouskraoui et al, 2017).	Infecções enterocólicas, infecções do trato urinário, intoxicação alimentar, infecções intra-abdominais, infecções neonatal (meningite). (M.Bouskraoui et al, 2017).	ATCC 25922
Klebsiella pneumoniae	Gram - anaeróbio facultativo	Cavidades naturais, em particular o trato digestivo e as vias respiratórias superiores. (M.Bouskraoui et al, 2017).	Infecções nosocomiais e adquiridas na comunidade: broncopulmonares e infecções do trato urinário. A meningite purulenta e a sépsis... (M.Bouskraoui et al, 2017).	ATCC 70603

II.2. Métodos experimentais

II.2.1. Síntese de misturas eutécticas

II.2.1.1. Moagem assistida por líquido (LAG)

A moagem assistida por líquido consiste em adicionar um pequeno volume de solvente à mistura ingrediente ativo/coformador para facilitar a formação de uma mistura eutéctica. O solvente em questão actua como um catalisador, permitindo o estabelecimento das interações necessárias para a formação de tais misturas **(A. Thayyil et al 2020)**. A fim de preparar as diferentes misturas eutécticas estudadas para avaliar a sua atividade antibacteriana e determinar a sua solubilidade, procedemos do seguinte modo

Utilizando uma balança analítica Ohaus com uma precisão de $10^{(-4)}$ g, foram pesadas massas de celecoxib e dos vários coformadores (transportadores inertes) numa proporção estequiométrica de 1:1 **(Quadro II.4).** As massas pesadas m_1 e m_2 foram misturadas e trituradas pelo processo de moagem líquida assistida por solvente, utilizando um almofariz e um pilão durante 30 minutos **(Figura II.1)**. Uma vez sintetizadas, estas misturas equimolares são colocadas numa estufa para permitir a evaporação do solvente.

Figura II.1: Retificação assistida por líquido LAG (Original, 2024).

Quadro II.4: Massas m_1 e m_2 do celecoxib e dos vários coformadores.

	m1(g)	m2(g)
Celecoxib-ácido maleico	0,35	0,11
Celecoxib-ácido salicílico	0,42	0,15
Celecoxib-ácido cinâmico	0,35	0,14
Celecoxib-nicotinamida	0,47	0,15
Celecoxib-ácido succínico	0.35	0.11

II.3. Caracterização das misturas eutécticas sintetizadas

II.3.1 Varrimento diferencial

A Calorimetria Diferencial (DSC) é uma técnica de análise térmica utilizada para caraterizar alterações no estado, fase ou estrutura de um material. É utilizada para medir o fluxo de calor trocado por uma amostra e o forno relativamente a uma referência inerte, em função da temperatura e do tempo, quando são submetidos ao mesmo programa de aquecimento ou arrefecimento (em que T varia linearmente com t). A diferença de temperatura é convertida numa diferença de fluxo de calor em mW. Esta técnica pode ser utilizada para identificar acidentes térmicos que um composto pode sofrer. Estes acidentes podem ser reversíveis, como a fusão ou a cristalização, ou irreversíveis, como a degradação ou uma reação química provocada pelo aquecimento. Para efetuar uma análise calorimétrica por Calorimetria Exploratória Diferencial (DSC), utilizámos um aparelho DSC Setaram 131 (**Figura II.2**), equipado com cadinhos de alumínio de 30 µl de volume e termopares de platina. A dimensão da amostra era de cerca de 1 a 2 mg. A análise foi efectuada numa atmosfera de azoto a uma taxa de aquecimento de 2°C/min, numa gama de temperaturas de 20°C a 250°C. As temperaturas foram calibradas utilizando índio, que tem uma temperatura de fusão e entalpia de 156,6°C e 28,5 J/g, respetivamente.

Figura II.2: DSC utilizado para medir o fluxo de calor (original)

II.3.2. Difração de raios X (XRD)

A difração de raios X é um dos métodos de análise físico-química utilizados para caraterizar as redes cristalinas. Os raios X, como todas as ondas electromagnéticas, provocam uma deslocação da nuvem eletrónica em relação ao núcleo dos átomos; estas oscilações induzidas resultam na reemissão de ondas electromagnéticas da mesma frequência. Dependendo da direção no espaço, ocorre um grande ou pequeno fluxo de fotões de raios X, e estas variações de direção formam o fenómeno da difração de raios X. A lei de Bragg permite determinar a distância entre as redes. Para a análise da difração de raios X, utilizámos um difratómetro EMPYREAN (**Figura II. 3**). Os raios X foram emitidos utilizando radiação Cu(Ka) à temperatura ambiente numa gama de 2 theta de 2 a 50°, com um passo de 0,01° e uma velocidade de varrimento de 2°/min.

Figura II.3. Difractómetro do tipo EMPYREAN (Original, 2024).

II.3.3. Microscopia eletrónica de varrimento SEM

A microscopia eletrónica de varrimento é uma técnica utilizada para visualizar o comportamento dispersivo de um material. O princípio consiste em varrer a superfície da amostra com um feixe de electrões muito fino que varre a superfície ponto por ponto. Sob o impacto deste feixe de electrões acelerados, os electrões retrodifundidos e os electrões secundários emitidos pela amostra são recolhidos seletivamente pelos detectores, que transmitem um sinal a um ecrã de raios catódicos, cujo varrimento é exatamente sincronizado com o varrimento do objeto. Esta técnica fornece-nos informações sobre a topografia, a morfologia e a composição da amostra. O equipamento utilizado é um microscópio eletrónico de varrimento ambiental SCIO2S da Thermo Fischer (**figura II.4**). A análise por microscopia eletrónica de varrimento mostra a forma e o tamanho das partículas obtidas à escala microscópica.

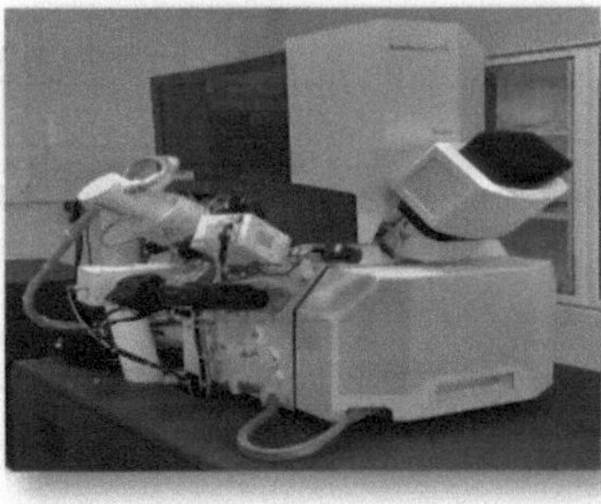

Figura II.4: Microscópio eletrónico de varrimento ambiental SCIO2S da Thermo Fischer (Original, 2024).

II.3.4. Infravermelho com transformada de Fourier FTIR

II.3.4. Infravermelho com transformada de Fourier FTIR

A espetroscopia de infravermelhos é utilizada principalmente para estudar as interações entre moléculas, analisando o perfil do modo vibratório, ou seja, a posição, a largura e a intensidade das bandas espectrais. A posição do pico ou da banda não só indica a presença de um determinado grupo, como também dá uma boa ideia do ambiente que o afecta. É bem sabido que as forças intermoleculares devidas às interações de ligação de hidrogénio causam uma alteração notável em alguns dos modos vibracionais, tornando possível o estudo das interações

A formação de ligações de hidrogénio é de importância vital em muitos processos industriais e desempenha um papel central nos processos biológicos a nível molecular. É responsável pela reorganização estrutural de moléculas mistas e também determina a estrutura e as propriedades de muitas moléculas biológicas e macromoléculas. A espetroscopia de infravermelhos desempenha um papel crucial no estudo das ligações de hidrogénio. Para confirmar a mistura eutéctica do nosso ingrediente ativo, efectuámos uma análise de infravermelhos utilizando um espetrofotómetro Jasco FT/IR-4200, como mostra a **Figura II.5**.

Figura II.5. Espectrofotómetro Jasco FT/IR-420 (Original, 2024).

II.4. Preparação de soluções mãe e filha de CXB puro e das suas cinco misturas eutécticas

II.4.1. Dissolução do princípio ativo puro e das suas misturas eutécticas com DMSO e preparação de soluções de reserva

Massas bem definidas do celecoxib puro e das cinco misturas eutécticas foram pesadas utilizando uma balança analítica Ohaus, com uma precisão de 10^{-4}g e resumidas **na (Tabela II.4)**

As massas pesadas foram dissolvidas em 10 ml de DMSO (dimetilsulfóxido) e homogeneizadas com um misturador Vortex.

Quadro II.4: Massas do ingrediente ativo puro e das misturas eutécticas

Componente pesada	Massa (mg)	Concentração (mg/ml)
Celecoxib puro	903.8	90.38
Mistura eutéctica 1	319	31.9
Mistura eutéctica 2	461.3	46.13
Mistura eutéctica 3	429.3	42.9
Mistura eutéctica 4	566	56.6
Mistura eutéctica 5	318	31.8

II.4.2. Preparação de soluções filhas por diluição da solução-mãe a 1/2, 1/5 e 1/10

Para determinar a gama de concentrações pretendida, diluímos a solução-mãe em três soluções filhas de concentrações 1/2, 1/5 e 1/10, respetivamente, como se mostra na **(Figura II.6)**. Além disso, o controlo positivo foi diluído de forma semelhante. O mesmo volume (50µl) de DMSO (Dimetilsulfóxido) é utilizado como controlo negativo.

Os volumes que utilizámos são os seguintes:

- Volume da solução-mãe: 50 µl
- Solução filha para 1\2: 2 ml de mistura eutéctica (solução-mãe)+ 2 ml de DMSO.
- Solução filha a 1:5: 1 ml de mistura eutéctica bruta (solução-mãe)+ 4 ml de DMSO.
- Solução filha a 1:10: 1 ml de mistura eutéctica (solução-mãe)+ 9 ml de DMSO.

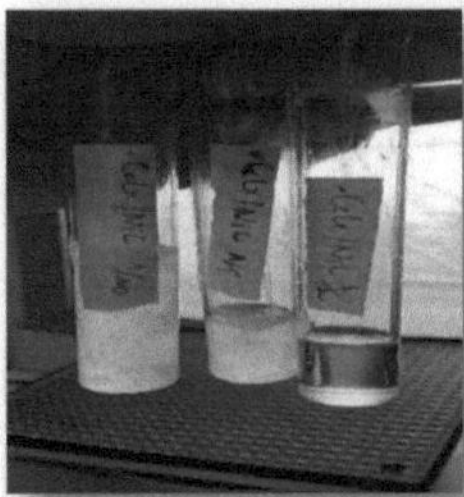

Figura II.6. Diluição da solução-mãe (Original, 2024).

II.5. Avaliação da atividade antibacteriana

A atividade antibacteriana foi avaliada utilizando dois métodos:

- O método de difusão em estado sólido, que consiste em observar a zona de inibição do crescimento bacteriano.
- O método de diluição líquida, que se baseia na determinação das concentrações inibitórias mínimas (CIM) e das concentrações bactericidas mínimas (CBM) de misturas eutécticas.

II.5.1. Método de distribuição em disco

II.5.1.1. Preparação da pré-cultura

Os testes antimicrobianos têm de ser efectuados em culturas bacterianas jovens, com 18 a 24 horas de idade e em fase de crescimento exponencial. As estirpes são regeneradas através da introdução das espécies bacterianas num meio de cultura (CM).

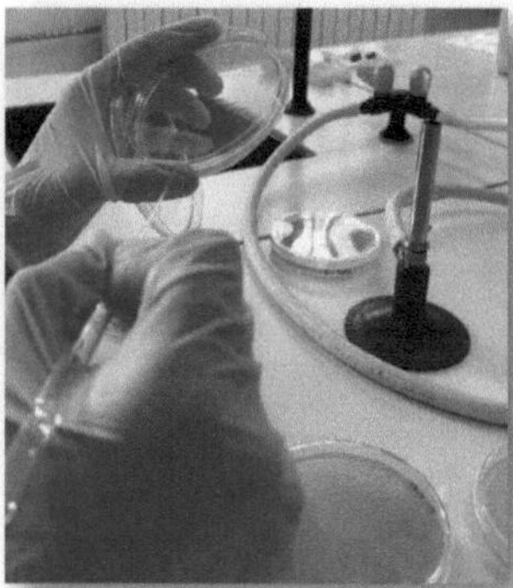

Figura II.7. Replicação de estirpes bacterianas (Original, 2024).

II.5.1.2. Preparação da suspensão bacteriana

Depois de cultivar as bactérias em meio de ágar MH, selecionámos 3 a 5 colónias idênticas e bem isoladas. Estas foram transferidas para 5 ml de água fisiológica estéril e agitadas com um misturador vórtex. A suspensão bacteriana foi padronizada para uma concentração de 10^6 CFU, correspondente a uma densidade ótica de 0,5 MFU (unidade MCFarland), medida com um densitómetro a um comprimento de onda de 625 nm.

II.5.1.3. Semeadura

A inoculação é efectuada em placas de Petri, distribuindo a suspensão bacteriana por toda a superfície do meio de cultura Miler Hinton (MH), preparado de acordo com as instruções do fabricante. As placas de Petri semeadas são incubadas a 37 °C durante 24 horas para um possível crescimento bacteriano.

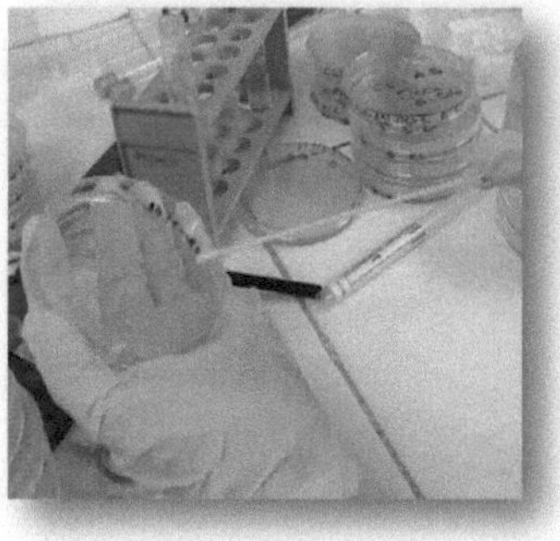

Figura II.8. Inoculação de bactérias (Original, 2024).

II.5.1.4. Preparar os discos

Uma vez estabelecida a sementeira de bactérias no meio de cultura MH, os discos de papel Wattman n.º 3 são colocados na superfície do ágar, utilizando pinças esterilizadas, e depois embebidos com 10 µl de mistura eutéctica bruta e diluída, metronidazol e DMSO como controlos positivos-negativos, respetivamente. Foram colocados três discos embebidos de cada concentração na mesma placa de Petri. As placas de Petri contendo todas as concentrações das diferentes amostras são incubadas a 37°C durante 24 horas. Uma vez terminada a incubação, os diâmetros de inibição das diferentes bactérias testadas são medidos com um paquímetro.

Figura II.9. Discos esterilizados usados (Original, 2024)

II.5.2. Método de microdiluição em meio líquido

O método de microdiluição foi utilizado para determinar a eficácia antibacteriana de misturas eutécticas de celecoxib num meio líquido. Foi utilizado para avaliar as concentrações bactericidas mínimas (CBM) e as concentrações inibitórias mínimas (CIM) para as misturas eutécticas sintetizadas.

II.5.2.1. Determinação da concentração inibitória mínima (CIM)

A CIM é a concentração mais baixa de antibiótico que inibe o crescimento visível após um período de incubação de 18 a 24 horas. É utilizada para definir a sensibilidade ou resistência de estirpes bacterianas a agentes antimicrobianos **(Kablan et al, 2008)**.

II.5.2.2. Determinação da concentração bactericida mínima (CBM)

A concentração bactericida mínima (CBM) é a concentração de um agente antimicrobiano que não deixa mais de 0,01 germes sobreviventes. É a concentração mais baixa necessária para matar as bactérias presentes numa cultura.

II.5.2.3. Preparação de microplacas

A CIM (Concentração Inibitória Mínima) dos microrganismos estudados foi avaliada numa microplaca estéril de 96 poços, utilizando uma única placa para duas misturas eutécticas. Para o efeito, procedemos da seguinte forma: As bactérias utilizadas no processo de microdiluição em microplacas são **Staphylococcus aureus** e **Escherichia coli**.
As microplacas são preparadas da seguinte forma:

Os alvéolos (A, B, C, F, G e H) **(figura II.10)** são inoculados com 100 µl de caldo Mueller Hinton líquido. Aos poços 1st adiciona-se um volume de 100 µl de mistura eutéctica. uma diluição de ½ nos cinco alvéolos restantes. Os alvéolos D e E foram deixados vazios para evitar a contaminação. Os alvéolos 10 a 12 foram mantidos para o controlo positivo, neste caso o metronidazol, um antibacteriano da família dos nitroimidazóis. O metronidazol foi diluído 1/2 e 1/5 nos alvéolos 11 e 12. O poço 9 foi dedicado ao controlo negativo (DMSO). Um período de incubação de 18 horas a 37°C é essencial para a leitura dos resultados esperados.

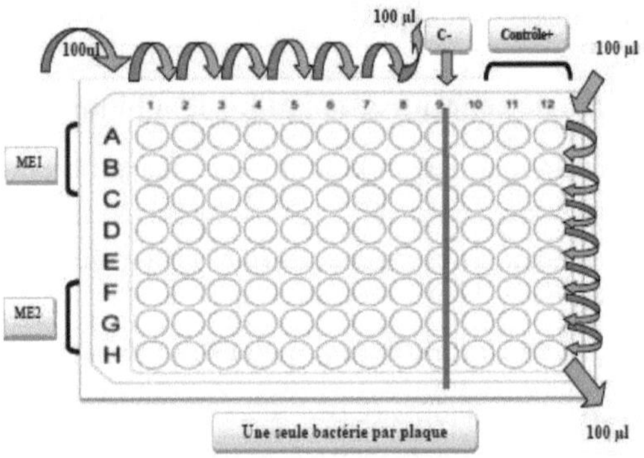

Figura II.10. Preparação das microplacas

II.5.2.4. **Avaliação da CMB**

Uma vez terminada a incubação, as placas de Petri semeadas com bactérias e inoculadas com alguns microlitros de misturas eutécticas retiradas dos poços correspondentes a concentrações iguais ou superiores à CIM foram incubadas durante 18 horas a 37°C para determinar a CMO.

II.6. Determinação da solubilidade

O método gravimétrico foi utilizado para determinar a solubilidade do CXB puro e combinado em água a uma temperatura de 37°C. Adicionou-se um excesso de componente sólido puro ou misturado a 4 ml de água e agitou-se a suspensão durante alguns minutos. A suspensão foi então colocada numa incubadora equipada com um agitador. A solução preparada foi agitada durante 24 horas para atingir o equilíbrio termodinâmico. Uma vez atingido o equilíbrio, as suspensões obtidas foram centrifugadas a 3000 rpm durante 30 minutos e filtradas com um filtro de seringa de 0,45 µm. As soluções saturadas de CXB e as misturas eutécticas CXB-coformador foram mantidas numa hotte durante cerca de uma semana para permitir a evaporação da água. A solubilidade do CXB puro (mg/ml) em água foi calculada a partir do produto da massa do material seco (solubilidade da mistura eutéctica) e do respetivo teor de CXB na mistura eutéctica seca (em fração mássica).

RESULTADOS E DISCUSSÃO

Neste capítulo, apresentamos uma discussão dos resultados obtidos, abrangendo os resultados da síntese, a caraterização, a avaliação da atividade antibacteriana das cinco misturas eutécticas sintetizadas e a sua solubilidade em água.

III.1. Misturas eutécticas sintetizadas

As misturas binárias preparadas por trituração húmida do celecoxib com os diferentes coformadores, também designados por transportadores inertes (ácido salicílico, ácido maleico, nicotinamida, ácido succínico e ácido cinâmico), escolhidos pela sua estrutura química, pelos diferentes grupos funcionais e pela sua não toxicidade, são obtidas sob a forma de um pó branco (**Figura III.1**). Este resultado pode ser traduzido em forças adesivas fracas, devidas a ligações de hidrogénio, interações de Van der Waals, forças electrostáticas e/ou interações n-n.

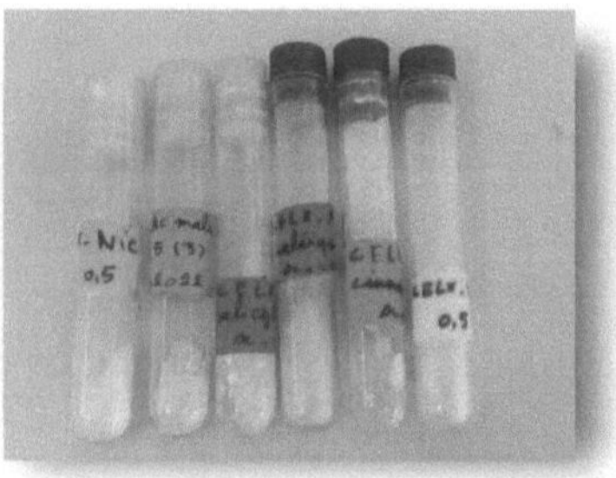

Figura III.1. pós físicos e cor dos pós das diferentes misturas eutécticas sintetizadas (Original, 2024).

III.2. Caracterização

III.2.1. Calorimetria Exploratória Diferencial (DSC)

Os termogramas obtidos por calorimetria diferencial de varrimento são apresentados na **Figura III.2**.

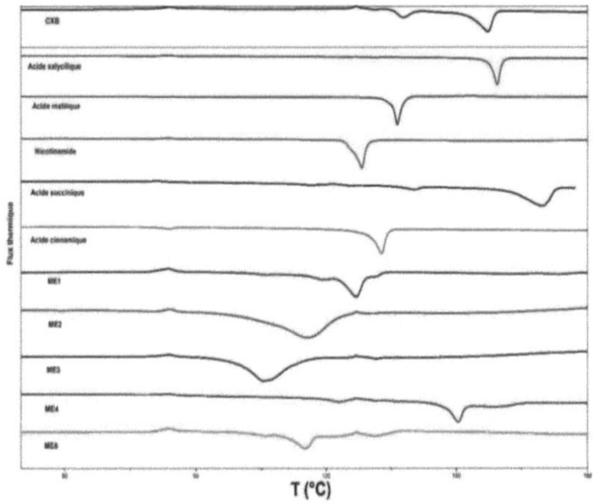

Figura III.2: Termogramas das diferentes substâncias puras e das suas misturas eutécticas

A partir da forma dos termogramas, podemos ver que as misturas sintetizadas numa relação estequiométrica 1:1 apresentam todas um único acidente térmico, caracterizado por temperaturas de fusão inferiores às das substâncias puras tomadas separadamente. Estes resultados confirmam a formação de misturas eutécticas. As temperaturas de fusão das diferentes misturas obtidas experimentalmente são indicadas na **(Tabela III.1)**.

Tabela III.1: Temperaturas de fusão das substâncias puras e das misturas binárias estudadas

Misturas eutécticas	Temperatura de fusão (°C)
CXB-Ácido maleico	124.8
CXB-Ácido salicílico	100.44
CXB-Nicotinamida	96.02
CXB-Ácido succínico	143.4
CXB-Ácido cinâmico	111.8

III.2.2. Análise XRD

As análises de difração de raios X desempenham um papel crucial no estudo das misturas eutécticas, permitindo a deteção de alterações nas estruturas cristalinas. **A figura III.3** mostra os difractogramas de raios X do CXB, do ácido maleico e da mistura eutéctica.

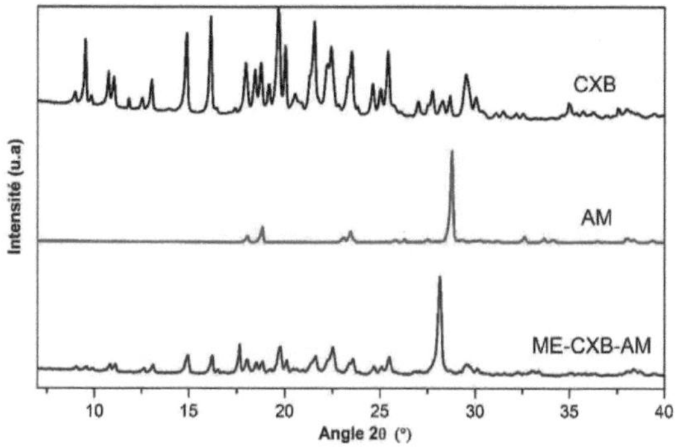

Figura III.3. Difractogramas de CXB, A.MAL e CXB-A.MAL

A partir da Figura III.3, podemos ver que tanto os corpos puros como o sistema binário resultante são cristalinos. A análise XRD do CXB puro revelou picos de difração de alta intensidade a valores de 2θ (15,1°, 16,2°, 19,6°, 20,1°, 21,6 e 22,4°). Isto é consistente com os dados registados na literatura **(M.Hawley et al ,2006 ; Z.Yang et al ,2022 ; G.Chawla et al ,2003).** O ácido maleico apresenta picos distintos com valores de 2θ de 9,8°, 21,6°, 22,8°, 25,3° e 29,5°. Este resultado está de acordo com a literatura **(AM.Araya-Sibaja et al ,2019)**. A mistura eutéctica CXB-A.MAL mantém os picos caraterísticos do CXB e do ácido maleico sem alterações na sua posição ou forma. Estes resultados confirmam a ausência de uma nova fase cristalina, resultando na formação de uma mistura eutéctica e não de um cocristal.

III.2.3. Caracterização de misturas eutécticas sintetizadas por microscopia eletrónica de varrimento

A figura III.4 mostra algumas micrografias SEM de CXB, A.MAL e da sua mistura CXB-A.MAL. As micrografias da figura III.4 mostram que a mistura eutéctica CXB-A.MAL tem uma morfologia cristalina diferente da dos corpos puros.

(a)

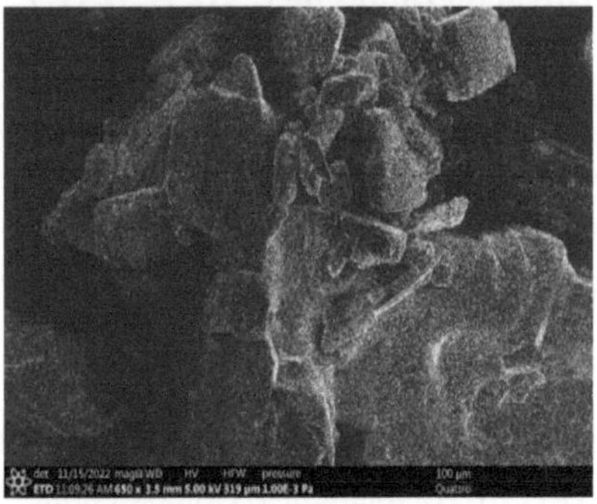

(b)

(c)

Figura III.4: Morfologias de (a) CXB, (b) A.MAL, (c) CXB-A.MAL.

III.2.4. Caracterização por FTIR

A espetroscopia de infravermelho é uma técnica eficaz para as interações intermoleculares em sólidos, tais como co-cristais e sais. A fim de analisar alguns dos cocristais produzidos por moagem húmida, as amostras foram finamente moídas e misturadas com brometo de potássio. Os espectros foram registados com uma resolução de 2 cm^{-1}. Os espectros de infravermelhos da mistura eutéctica CXB-AM e dos seus corpos puros são apresentados na **(Figura III.5)**.

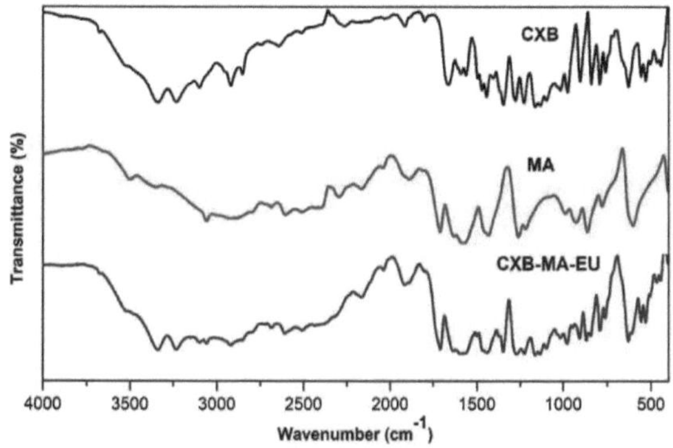

Figura III.5. Espectros de infravermelhos de CXB, A.MAL e da mistura binária CXB-A.MAL

O espetro FT-IR do CXB puro revela picos a 3230,6 cm^{-1} e 3339,78 cm^{-1} correspondentes a vibrações de alongamento simétricas e assimétricas do grupo NH, respetivamente. Uma banda de vibração de alongamento do grupo imina -C=N com um número de onda de 1665,2 cm^{-1}. Uma banda a 1344,3 cm^{-1} caraterística de uma vibração por alongamento da ligação -C=O do grupo sulfonamida e uma banda a 785,41 cm^{-1}, correspondente ao grupo aromático -CH. Estes resultados espectrais estão de acordo com os relatados na literatura **(G.Lu et al ,2006)**. No espetro FT-IR do MA, foram observados picos a 3059,7 cm^{-1} correspondentes à vibração do grupo -OH do ácido carboxílico, a 2879,83 cm^{-1} (vibração da ligação C-H), a 1704 cm^{-1} (grupo C=O), 1581 cm^{-1} (vibração por alongamento do grupo C=C do alceno cíclico), 1341.79 cm^{-1} (vibração por deformação do grupo O-H) e 1098,64 cm^{-1} (C-O), conforme relatado em estudos anteriores **(P.Tran et al,2023;V.M.Pandya et al ,2009)**.

O espetro da mistura eutéctica revelou picos correspondentes ao CXB e ao ácido maleico, sem desvios ou alargamento dos picos. Este resultado pode ser explicado pela ausência de interações covalentes entre o ingrediente ativo e o coformador e confirma a presença do estado cristalino original dos compostos puros no sistema farmacêutico binário, sem a formação de novas moléculas ou alterações nas interações intermoleculares.

III.3. Determinação da atividade antibacteriana de misturas eutécticas de celecoxib

III.3.1. Atividade antibacteriana em meios sólidos

A atividade antibacteriana do controlo positivo (metronidazol), as diferentes combinações binárias de AP/transportador inerte em diferentes concentrações e o DMSO utilizado como controlo negativo foram avaliados em três estirpes bacterianas**, nomeadamente Escherichia coli, Klebsiella pneumoniae** e **Staphylococcus aureus**.

III.3.1.1. Resultados do controlo positivo

Foram efectuados antibiogramas na presença do controlo positivo, neste caso o metronidazol puro a uma concentração de 60 mg/ml, para as três estirpes bacterianas. Os resultados obtidos, mostrados na (**Figura III.6**), revelam todos a presença de um halo de inibição do crescimento bacteriano, correspondendo a um diâmetro de inibição entre 6,92 mm e 13,81 mm.
mm. A sequência de reatividade do controlo positivo é a seguinte

Klebsiella pneumoniae> Escherichia coli> Staphylococcus aureus

O Staphylococcus aureus é o microrganismo mais resistente ao metronidazol puro devido à baixa permeabilidade do agente antibacteriano. Estes resultados estão de acordo com a literatura **(N. Islam et al, 2022).**

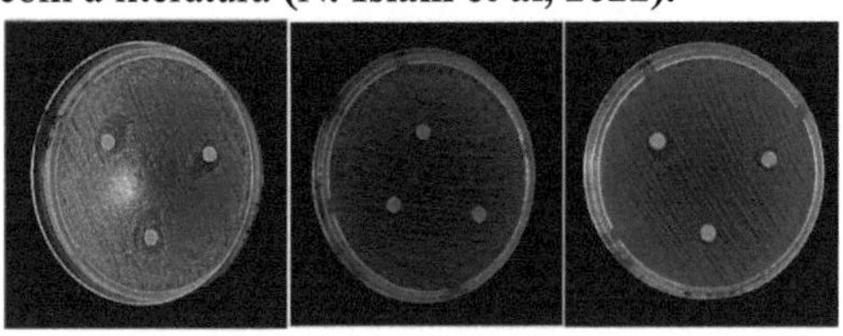

Klebsiella pneumoniae Staphylococcus aureusEscherichia coli

Figura III.6: Efeito do controlo positivo do MTZ puro sobre as três estirpes bacterianas testadas.

III.3.1.2. Resultados do controlo negativo

A Figura III.7 mostra que não foi observada qualquer inibição do crescimento do controlo negativo. O DMSO não teve qualquer efeito sobre o crescimento de qualquer bactéria em ágar. Isto confirma a escolha correta do solvente utilizado para a solubilização.

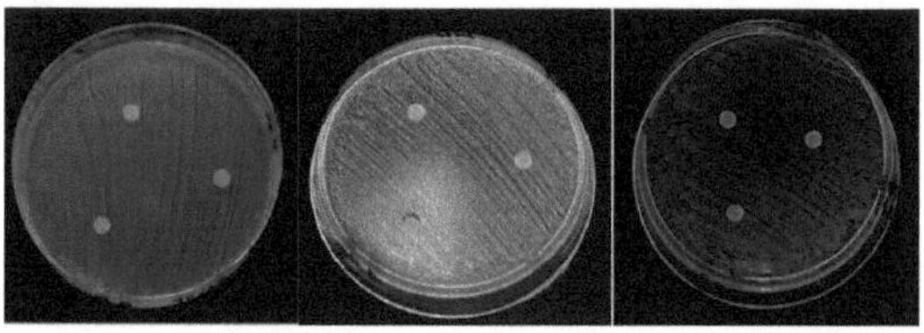

Klebsiella pneumoniae Escherichia coli Staphylococcus aureus

Figura III.7: Efeito do controlo negativo (DMSO) sobre as quatro estirpes bacterianas testadas.

III.3.1.3. Atividade antibacteriana de diferentes misturas eutécticas em discos

Os antibiogramas das várias misturas binárias brutas e diluídas estudadas e formadas a partir da combinação binária PA/coformador estão resumidos na (**Tabela III.2**) e ilustrados na (**Figura III.8**).

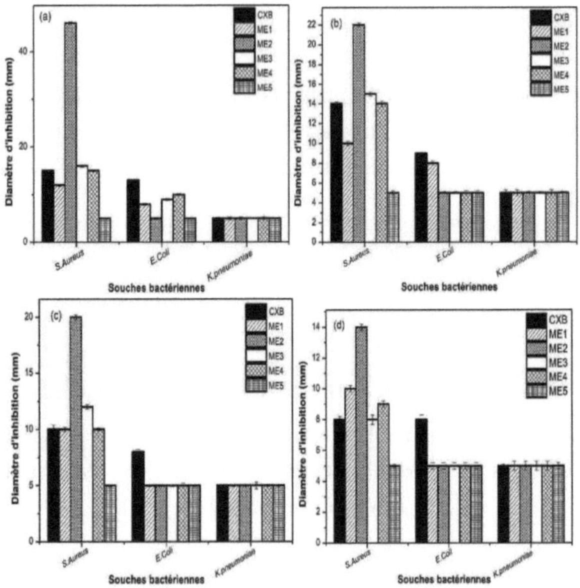

Figura III.8. Histogramas dos resultados dos antibiogramas das cinco misturas eutécticas em relação às estirpes bacterianas testadas: **(a)** Histograma comparativo das cinco misturas binárias com uma concentração de C_0; **(b)** Histograma comparativo das cinco misturas binárias diluídas com uma concentração de $C_{(0)}/2$; **(c)** Histograma comparativo das cinco misturas binárias diluídas com uma concentração de $C_0/5$; **(d)** Histograma comparativo das cinco misturas binárias diluídas com uma concentração de $C_0/10$.

A partir dos resultados obtidos, podemos deduzir o seguinte:

❖ O celecoxib em bruto actua sobre as estirpes bacterianas testadas neste estudo na seguinte sequência:

Staphylococcus aureus> Escherichia coli >Klebsiella pneumoniae

Estes resultados estão de acordo com o trabalho de **(M.Hayder et al.,2013)**. No entanto, o mecanismo

A ação antibacteriana do celecoxib é mal compreendida. Foram avançadas várias hipóteses:

- Interação com os lípidos da membrana celular bacteriana, perturbando a sua integridade e função;
- Inibição da síntese de prostaglandinas, o que poderia ter um efeito indireto no

crescimento bacteriano;

- Perturbação das vias de sinalização das células bacterianas, afectando o seu metabolismo e sobrevivência;

- Modulação da expressão de certos genes bacterianos, gerando assim a sua atividade antibacteriana.

A inflamação promove o crescimento bacteriano ao provocar uma acumulação de fluido na zona da lesão devido ao aumento da permeabilidade vascular, levando ao edema, que pode efetivamente promover o crescimento bacteriano e causar danos nos tecidos, proporcionando um bom ambiente e nutrientes para as bactérias. Consequentemente, a CXB inibe o crescimento bacteriano através da inibição do processo inflamatório. Além disso, a deficiência de COX-2 leva a uma redução da inflamação e da libertação de citocinas.

❖ As misturas eutécticas **CXB-A.MAL**, **CXB-A.SAL**, **CXB-NIC** e **CXB-A.SUC** apresentam as seguintes caraterísticas: diâmetros de inibição que variam entre 8 e 46 mm. Os agentes não antibacterianos acima referidos têm uma atividade antibacteriana significativa contra **S. Aureus** de acordo com a sequência de reatividade:

CXB-A.MAL> CXB-NIC> CXB-A.SAL> CXB-A.SUC

Esta reatividade pode refletir-se na estrutura química e na polaridade destas misturas, bem como na natureza das interações intermoleculares em jogo nestas combinações binárias e, em particular, nas interações hidrofóbicas, que aumentam a atividade antibacteriana. A atividade antibacteriana mais elevada foi obtida na presença de ME2 (CXB-A.MAL), com um diâmetro de inibição de 46 mm registado contra S. Aureus. Este elevado halo de inibição pode ser explicado pela estabilidade da ME2, devido ao estabelecimento de várias interações não covalentes, nomeadamente interações de Van der Waals, interações n-n e ligações de hidrogénio entre os grupos dador e aceitador de protões das duas moléculas.

S. Aureus, uma bactéria gram-positiva, caracteriza-se por uma parede espessa de peptidoglicano, que facilita a inserção e a solubilização da mistura hidrofóbica na membrana plasmática, resultando na perda de toda a bicamada lipídica e numa alteração da sua permeabilidade aos iões e a outros constituintes celulares, levando à perda de elementos citoplasmáticos, à lise e à morte celular. Além disso, a rutura da estrutura da parede ou a inibição de enzimas específicas envolvidas na biossíntese dos peptidoglicanos permite que o agente antibacteriano atinja o ADN do microrganismo. Uma vez lá, o agente antibacteriano liga-se às proteínas nucleicas e inibe as proteínas de síntese, resultando na inibição ou morte do microrganismo.

❖ A ME5 sintetizada pela combinação de CXB e ácido cinâmico não tem efeito antibacteriano sobre **S.Aureus**. Este efeito nulo pode ser traduzido por uma elevada polaridade e consequentemente uma baixa hidrofobicidade, o que reduz a sua interação com as cadeias de polissacarídeos que constituem a parede, criando assim impermeabilidade à ME5.

❖ O efeito das misturas eutécticas sintetizadas sobre as estirpes de bactérias gram-negativas é o seguinte

menos pronunciado do que o efeito obtido contra **S.Aureus**. Este resultado está de acordo com a literatura **(D. Mishra et al ,2010)**.

❖ As bactérias gram-negativas testadas neste trabalho, nomeadamente E.Coli e K.pneumoneae, são

respetivamente menos sensível a resistente. O CXB puro e as misturas eutécticas sintetizadas apresentam diâmetros de inibição que variam entre 8 e 13 mm contra a **Escherichia coli**. Esta baixa sensibilidade pode dever-se à natureza da parede celular, cujas caraterísticas únicas tornam frequentemente as bactérias gram-negativas mais resistentes a muitos agentes hidrofílicos. No entanto, o efeito antibacteriano observado pode dever-se à ação do agente sobre os lípidos da membrana celular, resultando na sua rutura e consequente permeabilização, provocando a fuga de componentes celulares essenciais como iões, nucleótidos e metabolitos.

❖ A rutura das membranas pode também afetar funções críticas das membranas, como o transporte de nutrientes e a eliminação de resíduos, levando a um aumento do stress e da morte celular.

❖ **A Klebsiella pneumoniae** é uma estirpe resistente ao CXB puro e às suas misturas eutécticas com inibição de halo zero devido à modificação do alvo ou à enzima de inativação. Este resultado está de acordo com a literatura **(M.Hayder et al ,2013).**

Tabela III.2: Resultados dos testes de atividade antibacteriana obtidos por difusão em meio sólido dos cinco agentes sintetizados.

Diâmetro da zona de inibição em (mm)																								
	Celecoxib puro				CXB+A.SAL				CXB+A.MAL				CXB+NIC				CXB+A.SUCC				CXB+A.CIN			
	Solução mãe	1/2	1/5	1/10	Solução de reserva	1/2	1/5	1/10	Solução de reserva	1/2	1/5	1/10	Solução mãe	1/2	1/5	1/10	Solução de reserva	1/2	1/5	1/10	Solução de reserva	1/2	1/5	1/10
E. coli	13	9	9	8	8	8	5	5	5	5	5	5	9	5	5	5	10	5	5	5	5	5	5	5
S. aureus	15	14	10	8	12	10	10	10	46	22	20	14	16	15	12	8	15	14	10	9	5	5	5	5
K.pneumoniae	5	5	5	5	5	5	5	5	5	5	5	5	5	5	5	5	5	5	5	5	5	5	5	5

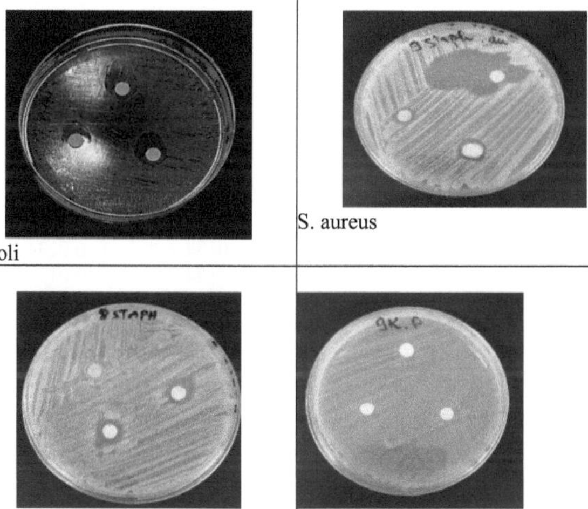

Figura III.9. Efeito antibacteriano do ME2 sobre as três estirpes testadas.

III.3.2. Determinação das concentrações inibitórias mínimas bactericidas (CIM)

A CIM é definida como a concentração mais baixa de inibição do crescimento bacteriano e é avaliada pelo método de microdiluição em microplacas. Este método revelou alguns poços transparentes e outros turvos, devido a uma concentração insuficiente do composto sintetizado necessária para inibir o crescimento bacteriano. **A figura III.10** ilustra os histogramas correspondentes à CIM obtida para o CXB puro e para as suas misturas eutécticas. Os resultados obtidos para CIM e CMO estão resumidos na (**Tabela III.3**) e representados na (**Figura III.11-III.13**).

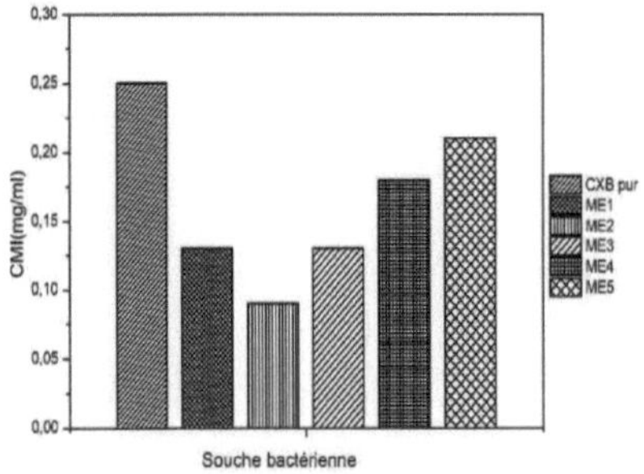

Figura III.10. CIM do CXB puro e das suas cinco misturas eutécticas

Tabela III.3 CIM (mg/ml) e CMO (mg/ml) obtidos pelo método de microdiluição para as duas estirpes bacterianas

Constituinte	Estirpes microbianas	CIM (mg/ml)	CMB
CXB puro	E. coli	0.028	>0.028
	S. aureus	0.028	>0.028
CXB+ A.SAL	E. coli	0.0099	>0.0099
	S. aureus	0.0099	>0.0099
CXB+ A.MAL	E. coli	0.0144	>0.0144
	S. aureus	0.0144	> 0.0144
CXB+ NIC	E. coli	0.0134	> 0.0134
	S. aureus	0.0134	> 0.0134
CXB+ A.SUC	E. coli	0.0353	> 0.0353
	S. aureus	0.0353	> 0.0353
CXB+ A.CIN	S. aureus	0.0198	> 0.0198

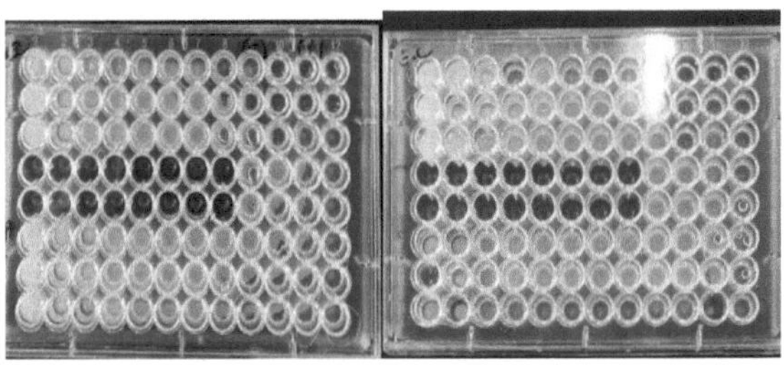

(a) (b)

(b)(d)

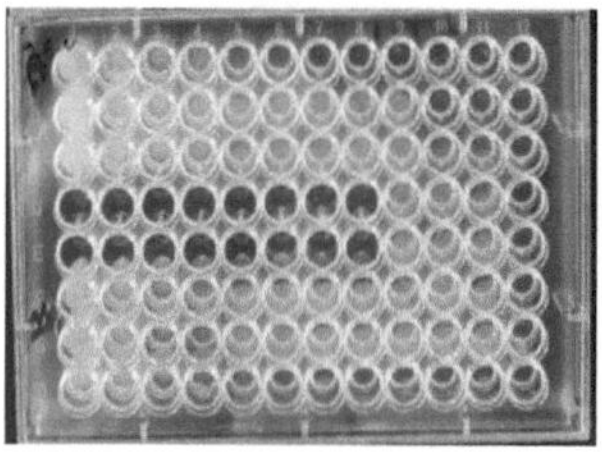

(e)

Figura III.11. Determinação da CIM e da CBM das cinco misturas eutécticas estudadas contra: (a,b) E.Coli e (c,d,e) S.Aureus

De acordo com a literatura **(N. Djabou et al, 2013),** as bactérias são :

□ Resistente quando a sua CIM se situa entre 25 e 50 mg/ml.

□ Moderadamente sensível (+) para um valor entre 3 e 12,5 mg/ml. □ Sensível (++) para uma CIM entre 0,4 e 2 mg/ml.

□ Extremamente sensível quando a sua CIM é inferior ou igual a 0,2 mg/ml.

As concentrações mínimas de inibição avaliadas neste estudo variaram entre 0,498 e 1,768 mg/ml. Estes valores reflectem a sensibilidade das bactérias testadas através das misturas eutécticas sintetizadas, que podem ser caracterizadas como agentes bacteriostáticos e bactericidas a concentrações mais elevadas.

Foi obtida uma CIM de cerca de 0,49 mg/ml com a combinação binária CXB-A.MAL contra estirpes bacterianas (E. Coli e Staphylococcus aureus). Este resultado está de acordo com as auréolas de inibição obtidas pelo método de difusão em estado sólido. O grupo sulfonamida do celecoxib pode interagir através de ligações de hidrogénio com os grupos carboxilo e hidroxilo do ácido maleico. Estas interações criam uma mistura estável, contribuindo para reduzir o ponto de fusão e, por conseguinte, aumentar a eficácia terapêutica.
As CIM mais elevadas foram registadas nas misturas eutécticas CXB-A.CIN e CXB- A.SUC.

O CBM permite deduzir a natureza do agente utilizado para qualquer efeito antibacteriano. Se esta concentração for igual à CIM, o agente é bactericida. Se a CBM for superior à CIM, o agente é bacteriostático. Podemos deduzir dos nossos resultados que, nas concentrações adoptadas, os nossos agentes se comportam como bacteriostáticos.

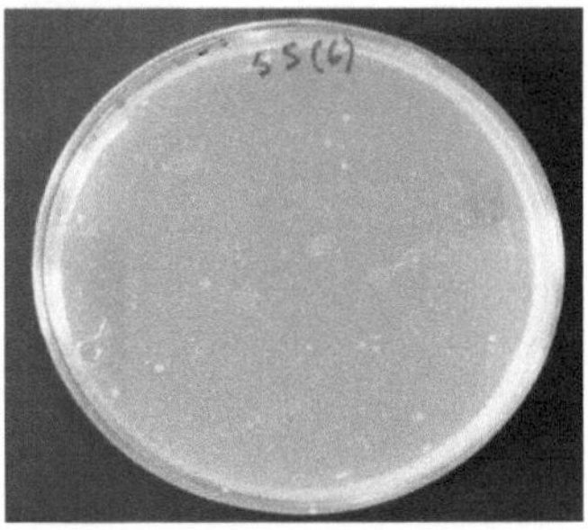

Figura III.12. CMB de ME 2 contra a estirpe bacteriana (Staphylococcus aureus).

Figura III.13. CMB de diferentes estirpes bacterianas

III.4.Determinação da solubilidade

A solubilidade é definida como a quantidade máxima de uma substância que se dissolve numa determinada quantidade de solvente a uma determinada temperatura e pressão. É uma propriedade caraterística de uma combinação específica de soluto-solvente **(B.Mittal et al.,2016).** A solubilidade termodinâmica representa a concentração de um composto em equilíbrio com um excesso de fase sólida não dissolvida. O ensaio é normalmente efectuado adicionando uma quantidade excessiva de sólido ao meio de solubilidade e misturando durante períodos prolongados, normalmente 24-48 horas, até se atingir o equilíbrio.

Considera-se que uma substância ativa tem uma elevada solubilidade quando a dose máxima administrável por libertação imediata é solúvel em 250 ml de um meio aquoso com um pH que varia entre 1 e 6,8 a 37±1°C. Quando mais de 85% da dose de substância ativa inicialmente administrada é absorvida através da barreira intestinal, a substância ativa tem uma permeabilidade elevada.

Os resultados da solubilidade em água determinados gravimetricamente para os compostos puros sintetizados e para as misturas eutécticas estão resumidos **na (Tabela III.4)** e apresentados na **(Figura III.14)**.

Tabela III.4. Resultados de solubilidade para os diferentes corpos puros e sistemas eutécticos sintetizados.

Componentes	Solubilidade (mg/ml)
Celecoxib (CXB)	6.8765
Ácido maleico (A.MAL)	15
Ácido salicílico (A.SAL)	0,0466
Nicotinamida (NIC)	33
Ácido cinâmico (A.CIN)	2,37
CXB- A.MAL	13,48
CXB- A.SAL	5,186
CXB- NIC	15,89
CXB- A.CIN	5,84

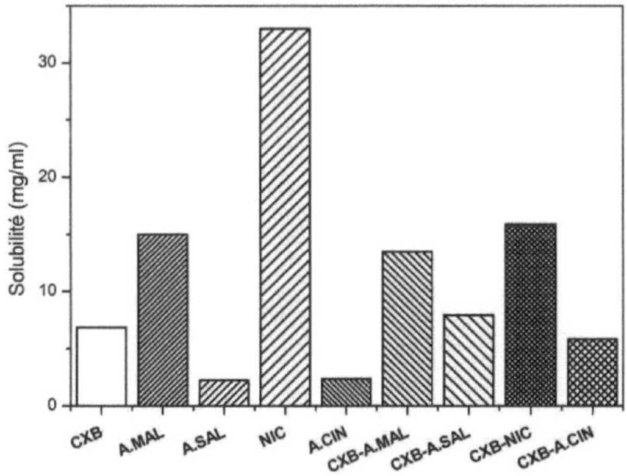

Figura III.14. Solubilidades dos compostos puros e das misturas eutécticas sintetizadas.

A solubilidade do CXB aumentou acentuadamente nas misturas eutécticas: CXB-A.MAL, CXB-NIC. Assim, aumentou cerca de 2 vezes para o sistema CXB-A.MAL e cerca de 2,5 vezes para o sistema CXB-NIC. Estas melhorias podem ser explicadas pelos seguintes mecanismos:

- Utilizar um coformador altamente solúvel em água, como a nicotinamida ;
- Redução do tamanho das partículas do ingrediente ativo e melhoria da molhabilidade dos seus cristais no meio;
- Impacto da natureza hidrofílica do coformador na melhoria da solubilidade.

CONCLUSÃO

Este trabalho insere-se num projeto de investigação da PRFU que visa a síntese, caraterização, melhoria da solubilidade e avaliação das actividades biológicas de cocristais e misturas eutécticas de princípios activos farmacêuticos, produzidos por uma combinação binária PA/coformador com diferentes estruturas químicas e propriedades físico-químicas, conduzindo a heterossintões com solubilidade, biodisponibilidade e efeito terapêutico significativamente melhorados. A estratégia utilizada neste estudo consiste no reposicionamento de um princípio ativo não antibacteriano, o celecoxib (CXB), utilizado numa combinação binária com cinco coformadores, nomeadamente o ácido salicílico, o ácido maleico, a nicotinamida, o ácido succínico e o ácido cinâmico, para combater a resistência aos antibióticos de certas estirpes bacterianas multirresistentes e melhorar a solubilidade do CXB. As combinações binárias CXB-A.SAL, CXB-A.MAL, CXB-NIC, CXB-A.SUC e CXB-A.CIN foram sintetizadas por trituração assistida por solvente numa proporção estequiométrica de 1:1 e caracterizadas por DSC, XRD, SEM e FTIR.A atividade antibacteriana da CXB pura e das suas misturas eutécticas desenvolvidas utilizando as estirpes bacterianas Escherichia coli, Klebsiella pneumoniae e Staphylococcus aureus foi avaliada utilizando dois métodos: o método de difusão em estado sólido e a microdiluição em microplacas, para determinar o diâmetro das zonas de inibição e as concentrações inibitórias e bactericidas mínimas, respetivamente. Os termogramas das cinco combinações binárias sintetizadas neste trabalho, obtidos por DSC, mostraram o aparecimento de um único acidente térmico, caracterizado por uma temperatura de fusão inferior à dos corpos puros utilizados na preparação. Estes resultados podem ser explicados pela formação de misturas eutécticas através de interações não covalentes, neste caso ligações de hidrogénio, interações n-n, forças electrostáticas e interações de Van der Waals. As análises de XRD e FTIR permitiram-nos confirmar a formação de misturas eutécticas. Os difractogramas obtidos por XRD e os espectros FTIR revelaram, respetivamente, a ausência de uma nova fase cristalina e a existência das bandas caraterísticas do CXB e do coformador sem alteração ou alargamento. A atividade antibacteriana das misturas eutécticas, avaliada in vitro pelo método de difusão em disco, contra as três estirpes bacterianas testadas, segue a sequência de reatividade:

Staphylococcus aureus> Escherichia coli> Klebsiella pneumoniae

Os agentes não antibacterianos **CXB-A.MAL, CXB-A.SAL, CXB-NIC** e **CXB-A.SUC** têm as seguintes propriedades diâmetros de inibição que variam de 8 a

46 mm, na seguinte sequência:

CXB-A.MAL> CXB-NIC> CXB-A.SAL> CXB-A.SUC

Esta reatividade pode ser reflectida na estrutura química e na polaridade destas misturas, bem como na natureza das interações intermoleculares em jogo nestas combinações binárias e, em particular, nas interações hidrofóbicas que aumentam a atividade antibacteriana. Os poderes antibacterianos mais elevados foram obtidos na presença de ME2 (CXB- A.MAL), com um diâmetro de inibição de 46 mm, registado contra S. Aureus, explicado pela estabilidade dos heterossintões ME2. As estirpes bacterianas Gram-negativas são menos sensíveis à CXB pura e às suas misturas eutécticas, com diâmetros de zona de inibição entre 8 e 13 mm. Estes resultados estão de acordo com a literatura. Os valores de CIM obtidos variaram de 0,09 a 0,72 mg/ml. Esta variação permitiu-nos deduzir que as misturas eutécticas sintetizadas são bacteriostáticas à concentração inibitória mínima e bactericidas a uma concentração superior à CIM. Para melhorar a biodisponibilidade e, consequentemente, o efeito terapêutico do CXB, determinámos a sua solubilidade em água pelo método gravimétrico. A solubilidade em água aumentou significativamente nas misturas eutécticas: CXB-A.MAL, CXB-NIC, devido à redução do tamanho das partículas do princípio ativo e à utilização de coformadores hidrofílicos.

Olhando para o futuro

Poderão ser planeados outros estudos para explorar em maior profundidade alguns dos pontos levantados neste manuscrito.
Por conseguinte, seria interessante :

- Reposicionamento de uma variedade de agentes não antibacterianos na luta contra as bactérias

multirresistente ;

- Desenvolvimento de misturas eutécticas com a formação de heterossintões com diferentes propriedades físico-químicas e terapêuticas;
- Avaliar a sua solubilidade numa gama de solventes eutécticos profundos (DES).

REFERÊNCIAS

A

Al-Kuraishy, H. M, Algareeb, A, Al-windy, A.S, Atividade antibacteriana experimental do antagonista seletivo da ciclo-oxigenase, Int J Basic Clin Pharmacol. 2013 Ago;2(4), 381-385

Alshaikh, R.A., Essa, E.A., El Maghraby, G.M., 2019. Eutexia para aumentar a taxa de dissolução e a atividade anti-inflamatória de agentes anti-inflamatórios não esteróides: Cafeína como modulador do ponto de fusão. Int. J. Pharm. 563, 395-405. https://doi.org/10.1016/j

Amanda Koberstain Surur Morandin Ferrisse , Analú Barros de Oliveira , Carla Raquel Fontana, Resistência bacteriana à terapia fotodinâmica antimicrobiana: Uma atualização crítica. Journal of Photochemistry & Photobiology, B: Biology 255 (2024) 112905

Araya-Sibaja, A., Vega-Baudrit, J., Guillén-Girón, T., Navarro-Hoyos, M., Cuffini, S., 2019. Aumento da solubilidade do medicamento através da preparação de materiais orgânicos multicomponentes: eutéticos de lovastatina com ácidos carboxílicos. Pharmaceutics 11, 112. https://doi.org/10.3390/pharmaceutics11030112.

B

Blain, H., Jouzeau, J. Y., Netter, P., & Jeandel, C. (2000). Les anti-inflammatoires non stéroïdiens inhibiteurs sélectifs de la cyclooxygénase 2. Intenção e perspectivas. La revue de médecine interne, 21(11), 978-988.

Bouskraoui M, Zouhair S, Soora N, Benaouda A, Zerouali K, Mahmoud M. Um guia prático para bactérias patogénicas. 2017.

Bursaux, E. (1994). Compreender as ciclo-oxigenases para controlar melhor os efeitos dos anti-inflamatórios não esteróides.

C

Cervello, M., Bachvarov, D., Cusimano, A., Sardina, F., Azzolina, A., Lampiasi, N., ... & Montalto, G. (2011). Modo de ação do celecoxib dependente e independente da COX-2 em células de cancro do fígado humano. Omics: uma revista de biologia integrativa, 15(6), 383-392.

Chadha, K., Karan, M., Chadha, R., Bhalla, Y., Vasisht, K., 2017a. O fracasso da cocristalização é realmente um fracasso; Formação eutética na triagem de cocristal de hesperetina. J. Pharm. Sci. 106, 2026-2036. https://doi.org/10.1016/j.xphs.2017.04.038

Chadha, R., Sharma, M., Haneef, J., 2017b. Formas sólidas multicomponentes de felodipina: preparação, caraterização, estudos físico-químicos e in-vivo. J. Pharm. Pharmacol. 69, 254-264. https://doi.org/10.1111/jphp.12685.

Chiu, H. C., Lee, S. L., Kapuriya, N., Wang, D., Chen, Y. R., Yu, S. L., ... & Chen, C. S. (2012). Desenvolvimento de novos agentes antibacterianos contra Staphylococcus aureus resistente à meticilina. Bioorganic & medicinal chemistry, 20(15), 4653-4660

Chiu, H. C., Yang, J., Soni, S., Kulp, S. K., Gunn, J. S., Schlesinger, L. S., & Chen, C. S. (2009). Exploração farmacológica de um efeito antibacteriano fora do alvo do inibidor da ciclooxigenase-2 celecoxib contra Francisella tularensis. Antimicrobial agents and chemotherapy, 53(7), 2998-3002.

D

D'Costa V, King C, Kalan L, Morar M, Sung W, Schwarz C, et al. Antibiotic resistance is ancient. Nature. 2011; 477:457-61.

Dadiboyena, S., & T Hamme II, A. (2012). Síntese de celecoxib e análogos estruturais - uma revisão. Química Orgânica Atual, 16(11), 1390-1407.

DB Salunke, BG Hazra, VS Pore (2006) Steroidal conjugates and their pharmacological applications, Current medicinal chemistry 13 (7), 813-847

D.Muster, Anti-inflammatory , Volume 1, Número 1, março 2005, Páginas 21-29

E

Emami, S., Siahi-Shadbad, M., Barzegar-Jalali, M., Adibkia, K., 2018. Caracterização de misturas eutéticas de gliclazida com ácido succínico preparadas por métodos de deposição por electrospray e moagem assistida por líquido. J. Drug Deliv. Sci. Technol. 45, 101-109. https://doi.org/10.1016/j.jddst.2018.03.006.

F

Fares E.M. Ali, Mustafa Ahmed Abdel-Reheim , Emad H.M. Hassanein ,Mostafa K.Abd El- Aziz, Hanan S. Althagafy, Khalid S.A. Badran. Explorar o potencial de reorientação de medicamentos para doenças do fígado: A comprehensive study; Life Sciences 347 (2024) 122642.

G

Giovana Carolina Bazzo, Bianca Ramos Pezzini, Hellen Karine Stulzer, Misturas eutéticas como uma abordagem para melhorar a solubilidade, a taxa de dissolução e a biodisponibilidade oral de medicamentos pouco solúveis em água; International Journal of Pharmaceutics 588 (2020) 119741
Goud, N.R., Suresh, K., Sanphui, P., Nangia, A., 2012. Composições eutécticas de curcumina de dissolução rápida. Int. J. Pharm. 439, 63-72. https://doi.org/10.1016/j.ijpharm. 2012.09.045.

H

Haneef, J., Chadha, R., 2017. Formas sólidas multicomponentes de fármacos: cocristal, coamórfico e eutético de três fármacos anti-hipertensivos pouco solúveis usando abordagem mecanoquímica. AAP PharmSciTech 18, 2279-2290. https://doi.org/10.1208/s12249-016-0701-1

Haneef, J., Chadha, R., 2018. Eutéticos à base de antioxidantes de irbesartan: formas multicomponentes viáveis para o tratamento da hipertensão. AAPS PharmSciTech 19,1191-1204. https://doi.org/10.1208/s12249-017-0930-y

Hao-Chieh Chiu,1 Jian Yang,1 Shilpa Soni,2,3 Samuel K. Kulp,1 John S. Gunn,2,3,4 Larry S. Schlesinger, e Ching-Shih Chen1 Exploração farmacológica de um efeito antibacteriano fora do alvo do inibidor da ciclo-oxigenase-2 Celecoxib contra Francisella tularensis_ ANTIMICROBIAL AGENTS AND CHEMOTHERAPY, julho de 2009, p. 2998-3002 Vol. 53, N.º 7

H Blain, J.Y Jouzeau, P Netter , C Jeandel Os anti-inflamatórios não esteróides inibidores selectivos da ciclooxigenase 2. Interesse e perspectivas futuras Anti-inflamatórios não esteróides com atividade inibidora selectiva da ciclo-oxigenase 2. Interesse e perspectivas futuras.

Hyun, S.-M., Lee, B.J., Abuzar, S.M., Lee, S., Joo, Y., Hong, S.-H., Kang,

H., Kwon, K.-A., Velaga, S., Hwang, S.-J., 2019. Preparação, caraterização e avaliação de misturas eutéticas de celecoxib com ácido adípico / sacarina para melhoria da molhabilidade e taxa de dissolução. Int. J. Pharm. 554, 61-71. https://doi.org/10.1016/J.IJPHARM.2018.10.044

K

Kablan B, Adiko M, Abrogoua D. Avaliação in vitro da atividade antimicrobiana de Kalanchoe crenata e Manotes longiflora utilizadas na oftalmia na Costa do Marfim. 2008;6(5):282-8.

L

La Revue de Médecine Interne Volume 21, Número 11, novembro de 2000, Páginas 978-98

Levoin, N. (2002). Metabolitos reactivos de fármacos anti-inflamatórios não esteróides: Bases estruturais das suas interações com as células protectoras implicadas nos processos inflamatórios (Tese de doutoramento, Universidade Henri Poincaré-Nancy 1).

Lode H. Impacto clínico dos agentes patogénicos Gram-positivos resistentes aos antibióticos. Clin Microbiol Infect. 2009 ;15 :212-7.

M

Márió Gajdács, Compostos não antibióticos que afectam o crescimento de agentes patogénicos urinários durante a cultura de urina: um estudo preliminar in vitro, APH 2020;90:185-191

Malaise, M. (1996). Os anti-inflamatórios não esteroides. Revista Médica de Liège, 51(1).

Maragakis L, Perencevich E, Cosgrove S. Clinical and economic burden of antimicrobial resistance. Expert Rev Anti Infect Ther. 2008; 6:751-63.

Mishra D, Sudhir P, Panda P.K. AVALIAÇÃO DA ACTIVIDADE ANTIMICROBIANA DO INIBIDOR SELECTIVO DE COX-2. Rasayan J.Chem, Vol.3, No.3 (2010), 532-538

N

Narva Deshwar Kushwaha, Joshua Nwabuife, Jivanka Mohan, Neil Koorbanally, Babita Kushwaha, Anil A. Chuturgoon, Terisha Ghazi Uma análise exaustiva dos esforços globais em matéria de vacinas e medicamentos reaproveitados para combater a COVID-19 European Journal of Medicinal Chemistry 260 (2023) 115719

P

Pillon, F. (2014). Anti-inflamatórios não esteróides. Actualités Pharmaceutiques, 53(534), 43-46.

R

Riekes, M.K., Engelen, A., Appeltans, B., Rombaut, P., Stulzer, H.K., Van den Mooter, G., 2016. Novas perspectivas para combinações de dose fixa de compostos pouco solúveis em água: um estudo de caso com ezetimiba e lovastatina. Pharm. Res. 33, 1259-1275. https://doi.org/10.1007/s11095- 016-1870-z.

RN Saha, C. Sajeev, PR. Jadhav, SP Patil, N. Srinivasan (2002). Determinação de celecoxib em formulações farmacêuticas utilizando espetrofotometria UV e cromatografia líquida.

S

Said Moshawih, Qais Jarrar, Abdul Alim Bahrin, Ai Fern Lim, Long Ming, Hui Poh Goh, Avaliação dos AINEs no SARS-CoV-2: mecanismos imunomoduladores e estratégias terapêuticas futuras, Heliyon 10 (2024) e25734

Sang-Min Hyun, Benjamin Joon Lee, Sharif Md Abuzar, Soohun Lee, Yechan Joo, Seung-Hyeon Hong, Han Kang, Kyung-Ae Kwon, Sitaram Velaga, Sung-Joo Hwang, Preparação, caraterização e avaliação de misturas eutécticas de celecoxib com ácido adípico/sacarina para melhorar a molhabilidade e a taxa de dissolução, https://doi.org/10.1016/j.ijpharm.2018.10.044

S. Alghadeer, K. Aljuaydi, S. Babelghaith, A. Alhammad, M. Alarifi, Auto-medicação com antibióticos na Arábia Saudita, Saudi Pharm. J. 26 (2018), https://doi.org/10.1016/j.jsps.2018.02.018

Shankar Thangamani, Waleed Younis e Mohamed N. Seleem (2015), Repurposing celecoxib as a topical antimicrobial agent, Front. Microbiol. 6:750. doi: 10.3389/fmicb.2015.00750

Srinivasu, M. K., Rao, D. S., & Reddy, G. O. (2002). Determinação de celecoxib, um inibidor da COX-2, em formas de dosagem farmacêutica por MEKC. Journal of pharmaceutical and biomedical analysis, 28(3-4), 493-500.

SZ Alshawwa, AA Kassem, RM Farid, SK Mostafa, GS Labib (2022). Sistemas de administração de medicamentos em nanocarreadores: caraterização, limitações, perspectivas futuras e implementação de inteligência artificial Pharmaceutics 14 (4), 883.

T

Thayyil AR, Juturu T, Nayak S, Kamath S. Co-cristalização farmacêutica: Aspectos reguladores, conceção, caraterização e aplicações. 2020 ;10(2) :203.

Tive, L. (2000). Perfil clínico do Celecoxib. Rheumatology, 39(suppl_2), 21-28.

Tołoczko-Iwaniuk, N., Dziemiańczyk-Pakieła, D., Nowaszewska, B. K., Celińska-Janowicz, K., & Miltyk, W. (2019). Celecoxib na terapia e prevenção do câncer - revisão. Alvos de drogas atuais, 20 (3), 302-315.

Z

Zhengge Yang, Ru Ma, Yin Chen, Yifang Zhang, Xin Liu, Bi-Feng Liu, Guisen Zhang, Chao Hao; Misturas eutéticas de celecoxib com tapentadol e milnaciprano que podem melhorar a eficácia analgésica e antidepressiva, Journal of Drug Delivery Science e 67 (2022) 10299.

MIX
Papier aus verantwortungsvollen Quellen
Paper from responsible sources
FSC® C105338

Printed by Books on Demand GmbH, Norderstedt / Germany